希莉安的

超详尽多肉

植物私房笔记

希莉安 著

河南科学技术出版社
·郑州·

推荐序 1

认识希莉安（Silian）缘自她在我博客里的留言讨论，这位年轻可爱的女士研究多肉植物也太认真了吧！不管是学名的考证、栽培方式的尝试，还是布置美化的技巧，她的态度都可以在她的博客里看出来。

嫁到东京的希莉安，身在异国以种植多肉植物为乐趣和寄托。她四处收集采购、繁殖养护，并且发挥慧颖巧思，设计多肉植物盆栽，在家中的小阳台上玩赏，让我深信可爱的多肉植物是抚慰心灵的绝佳植物。若不是对多肉植物有很深的感情，怎会有这么多心力上的付出。看着它们慢慢地成长，逐渐展现出每个品种特有的形态、风姿，欣赏、养护时，真的会忘掉所有烦恼，获得无限的快乐。

希莉安博客中每篇多肉植物文章都有精美的图片、翔实的栽种步骤与丰富的内容，这些作品的拍摄与文字撰写背后所花的时间和精力，相信只有希莉安才知其中辛苦（其实也应该是乐在其中啦）。面对这样的优质博客，我怎能不推荐给所有喜爱多肉植物的爱花人呢？更令人高兴的是，她将博客里的图文结集出书，让不会电脑、不能上网的多肉植物同好，也能一书在手，随时享受精美图文所带来的乐趣，因此我更乐意为她写序推荐，让这本书能被更多的多肉植物同好以及还不了解多肉植物美妙之处的人喜爱。

园艺研究家、爱花人集合版主　陳坤燦

特此说明：本书中的多肉、肉肉均为多肉植物迷们对多肉植物的昵称。仙肉、仙凤也是保留作者口语化的表述，作为对仙人掌、空气凤梨和一些多肉的合指昵称。

推荐序 2

多肉植物真的是种奇妙的植物，让人一旦喜欢上，就会爱不释手，好像中毒一样！虽然我们种了几十年，却未曾见多肉植物像这几年这样风行！这也都要归功于小希，因为她让更多人知道，多肉植物是如此的可爱且与众不同，并且通过网络世界，让更多人知道肉肉们的魅力！

第一次遇见小希，是数年前在东京的一次仙人掌多肉植物大会上，虽然当时彼此还并不认识，其实我已久闻其大名了！在网上，常可看到小希的高人气。许多人都说，他们都因小希而中了“肉毒”！

从她所写的文章中，可以感觉到她对肉肉们的喜爱，不！甚至于说肉肉们已经成为她家中的一分子了！因为每一株都在她细心的呵护下慢慢成长，她会仔细记录下来它们的成长历程！真的非常用心，也因此她的文章才会如此吸引人，并引起大家的共鸣！

这本书凝聚了小希长久以来的实际种植经验，从初学者的角度，指导读者如何逐渐成为一个多肉植物行家！读者可通过日记的方式，看见多肉们的成长过程，并且也可以更清楚地了解，在各种环境及不同时节中，肉肉们所呈现出来的状态以及遭遇的各种问题！书中不同的时期都配有丰富的照片，在阅读时更显得轻松自然！在此郑重地推荐给大家！

福祥仙人掌店店主 嚴國維

推荐序 3

认识希莉安是件十分开心的事，相信喜爱多肉植物的朋友一定能体会这样的心情。何其有幸能为希莉安的新书写序，其实自己早就是希莉安的博客的忠实粉丝，细腻的文字，一篇又一篇图文并茂的介绍，琳琅满目的多肉植物就这么鲜活地呈现在眼前。一样是空间狭隘的东京都，小小的阳台也能变成满是幸福味道的多肉小花园。

多肉植物同好的小世界里，希莉安与她的博客引领风骚，掀起了一阵栽种多肉植物的热潮。相信有许多花友因为见识过博文介绍的美丽植物渐渐爱上栽培多肉植物，慢慢地进入园艺领域。一直在想那么用心经营的优质博客什么时候会结集成册。现在终于盼到希莉安出书了！

与希莉安也有数面之缘。她和大家一样常参加多肉同乐会。同乐会的气氛十分温馨、融洽，有人带着自己繁殖的多肉植物或是家里的多肉植物叶片，来到会场与大家结缘；也有人带来了特色的小点心及当季的水果，与大家同乐；还有人带来亲手制作的小礼物，蝶古巴特的小铁罐或是铝线小花插……一场又一场的同乐会缘起于希莉安，与会的情景都会变成大家美好的回忆。

相信希莉安的这本书只是开始，当您细细品味之后，会发觉书本里的点点滴滴，都洋溢着一种分享幸福的感动。也许您也会迫不及待地马上和花友们分享栽培成果，踏入多肉植物世界里的奇幻旅程，开始享受回收各类容器来栽种的乐趣，开始观察生活里这么多的美丽，不必花太大的心思，也能让生活充满着美好与爱。期待大家通过这本书，体验各种多肉植物之美。再一次谢谢希莉安借多肉植物这样的媒介，让我们重拾生活里的小幸福。

《1 盆变 10 盆　扦插种植活用百科》作者 梁群健

WELCOME
MY LITTLE GARDEN
YOU'RE WELCOME TO STAY AS LONG AS YOU LIKE

自序

我和多肉的不解之缘

多年前在某次回台北逛地铁商业街时，发现一个主要卖1英寸盆（编者注：英寸不是我国法定计量单位，考虑到行业惯例，本书予以保留。1英寸约合2.54厘米。1英寸盆即直径为2.54厘米的迷你盆）仙肉的摊儿，当即就被那些可爱又特别的“小家伙”给吸引住了！从此，我就和它们结下了不解之缘，慢慢走向成为它们的仆人之路。

记得当时摊主滔滔不绝地讲解仙人掌会开各种颜色及各种香气的花，我就挑了好几盆可爱小巧的带回了家，有白宝丸、大和美尼、姬玉虫和被老板称作“紫葡萄”的卧地延命草。

回到日本后，在我家附近的商场又看到了1英寸盆的仙人掌，那时才发现，原来这些可爱的小家伙离我这么近，随处可见啊！那时虽情不自禁买了很多盆，却对它们都是“多肉植物”这件事还不甚了解，只是眼睛会不由自主地开始四处寻找那些肥肥厚厚的植物。

一直到某天在日本书店中发现由NHK出版的《多肉植物　体验独一无二的形状与颜色》一书后，才真正开始识别这些独具风格又深得我心的解忧良伴，也终于开始了解它们喜爱的环境和照顾方式。而深入了解后也发现，原来我很喜爱的俗称“玫瑰石莲”的白蔓莲，也是多肉植物的一员！自此我就彻底掉入多肉植物这无解药的深渊了。

爱上了多肉植物后，我开始发疯似的寻找多肉植物的踪影，外出郊游时要找，逛街时要找，就连买菜时也要找。找到后买回家，也不是就到此为止，还会上网查询或买书来查品种及如何照顾。也因此从日本的书籍里发现，多肉植物除了可以欣赏单株之美，还能利用它们多变的叶形及色彩做出具有疗愈效果的多肉组合盆栽。每天看着书里美美的多肉组合盆栽，也忍不住开始自己动手做做看。

除此之外，美丽又神奇的多肉植物也总是让我忍不住每天都要对着它们拍照，一有变化就像发现新玩意儿一样，带着惊喜的心情不停地拍，更进而为它们做成日记般的成长记录，连我自己写日记都没那么勤劳呢！

在此希望借这本多肉笔记来分享我跟多肉们一起成长的日子，也希望大家能爱上多肉植物，让我们一起享受多肉植物带来的美好生活和强大的疗愈效果吧。

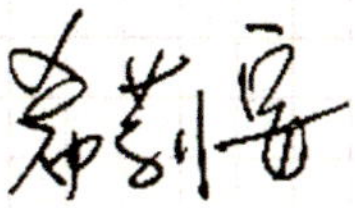

目录 Contents

私房笔记 @ 2008

私房笔记 @ 2009

私房笔记 @ 2010

私房笔记 @ 2011

私房笔记@2012

2008-10-8

爱上多肉的那把火，点着了就灭不了

从1英寸盆开始

回想我最初开始接触多肉植物的时间，大约是在我移居到日本北海道的第二年——2005年底吧！那时回台北，在地铁商业街遇到了一个主要卖1英寸盆仙肉的摊儿，听着老板精彩的介绍，加上1英寸盆的视觉效果真的很棒，让人爱不释手，所以我生平第一次买下了1英寸盆仙肉和空气凤梨。

与仙肉一起移居巴厘岛

才回到北海道不久，就因老公工作的原因移居到网络有点落后的巴厘岛，就这样我又手提着一小盒心爱的仙肉来到了位于热带的巴厘岛。那时养的都是1英寸盆，提在手上还真是很小一盒，大约只有1升宝特瓶的大小吧。现在看看已壮大的阳台，再回想当时养的还真是少啊！

由于刚开始接触仙肉，还来不及跟它们混熟就移居到了巴厘岛，所以不论是仙肉还是空气凤梨，全都一个接着一个离我而去。真的很伤心！不过喜爱仙肉的因子却已在我心里深深扎根。除了在当地花卉市场买了玉缀、养老和夕映等多肉外，还自己用仙人掌种子孵出仙人掌小宝宝。一旦爱上仙肉后似乎就定型了，眼睛里只会看到这些肥嘟嘟的植物。

最初几乎都是以养可爱小巧的1英寸盆仙人掌为主，我想若是没有这么可爱的1英寸盆吸引我的注意，或许我不会坠入这么"毒"的多肉世界。

回到东京重新开始

时间飞快，两年过去，老公被公司调回东京总公司。那家里的仙肉们怎么办呢？想起当初怀着提心吊胆的心情带着它们移居，就不想再来第二次了。虽然舍不得这些宝贝，但已长大许多的仙肉们，我也想不出要怎么收藏它们了，最后还是决定忍痛割爱留给在那儿的朋友。

回东京后，爱仙肉的因子像火一样点着了就灭不了，只要一看到喜欢的仙肉就很想拥有，所以只要出门，眼睛就开始注意仙肉的踪影，陆陆续续地开始带回家！

1

从姐姐阳台上摘下了两朵白蔓莲。最早爱上它是因为它那玫瑰般的迷人模样，不过当时还不知道原来它也是多肉植物的一员，所以当时还是用透气性不佳的培养土。真的要养植物的话，还是应事先多了解一下植物的特性和需求啊！

2

3

4

5

1. 回到北海道后，在家对面的小商场也发现了好多可爱的 1 英寸盆多肉，之后没事就会去看看有没有新进货。
2. 心爱的多肉跟着我和老公一起移居巴厘岛。
3. 在当地买了玉缀和牡丹玉。
4. 令人心情愉快的多肉宝贝。在阳台的围墙上摆一排，没事就去看看它们，嘴角就会不自觉地上扬起来。
5. 在当地买的群生养老，那时不晓得名字，也不晓得原来景天科拟石莲属有那么多种类。

卷绢

Sempervivum arachnoideum

公公去青森（日本青森县）玩时带回来给我的。刚回来时上面覆盖了一层厚毛絮，毛茸茸的，好美。之后我回台湾一阵子，再回来后发现它被老公照顾得长满一圈卷绢宝宝了！

有天深夜阳台突然“嘭”的一声！以为是小偷，结果居然是乌鸦咬下了两颗小卷绢种子！之后我就把小卷绢都取下另外单种。年初冬天结束后，发现卷绢的毛絮慢慢地不见了，如今随着天气渐冷，毛絮又开始跑出来！心想幸好没被我种坏。

婆家及娘家来的多肉成员

2008-10-10

回到东京后，因为忙着整理布置新家，也忙着熟悉新环境，还没从“仙肉毒”中完全苏醒过来。唯一的多肉来源是公婆家和我家附近的百元店（编者注：日本物美价廉的小商店，类似中国的两元店）。公公知道我喜欢多肉植物，和婆婆去青森旅行时带回了一株卷绢当伴手礼送给我，还给了我他养了许多年的十二卷、虎之卷。我又从公婆家的院子里拔了一小截丸叶万年草回家养。

十二卷

Haworthia fasciata / Haworthia attenuata

公公种了好几盆十二卷，每一盆都是爆盆状态，就拿了一盆给我带回家养。因为阳台空间还很大，没想太多就把十二卷给全拆了。最大棵的很快又生了小宝宝。十二卷夏天的成长速度较慢，直到天凉了才看到中心点的新叶冒出来，果然是夏休冬生的一员呀。

虎之卷

Gasteria gracilis 'Baker'

公公的阳台有好几盆都群生到快挤出盆外了。公公给我一盆带回家养，养着养着我就把它们全拆开来重新换盆土分种。虎之卷也是超会长侧芽的一款多肉啊！

丸叶万年草与白蔓莲

丸叶万年草 Sedum makinoi

白蔓莲 Orostachys iwarenge var. boehmeri

从公公的花园里折了一小段丸叶万年草回来种，它是最好种的了！只要有水和阳光就一直长，一直蔓延！丸叶万年草旁边是白蔓莲，这两株不是当年带回北海道又带去巴厘岛的那两株喔！那两株早就被我摧残得上天堂了。新的这两株是从姐姐的阳台再次摘回来的。很怪的是，两个带回来时都是同样大小，但不知道为什么一个都已经抽花序了，另一个还是那么小（右图）。多肉真的是很奇妙啊！

这株小朵的白蔓莲就是长不大，但又不是生长不良，只能说多肉真的很奇妙啊！

1

2

1. 丸叶万年草非常好照顾，在国外常被当成屋顶绿化的最佳选择，耐暑耐寒性皆佳！土壤肥度需求度不高，也很耐旱。花期在春末夏初，从生长点顶端开出黄澄澄的小黄花，花期结束后便会从叶腋间长出分枝来。
2. 在冬天低温日照足的环境下，丸叶万年草会转为红叶模式，绿绿的叶子变为淡橘红色，非常漂亮喔！

我的第一个多肉培养皿

2008-10-14

这是我的第一个多肉培养皿，用装过奶酪的塑料盒装了些培养土，虽然很简陋，但就这样开始了种多肉的日子。里面除了有剪下来的白蔓莲子株、虹之玉叶片外，还有移过来后长出嫩叶的玉缀。

开始接触多肉植物，总是对小苗们抱着期盼，盼着养在培养皿里的小苗们快快发根生出多肉小宝宝，小心翼翼地照顾、观察。对多肉们的感情不由自主地也从培养皿中培养出来，然后持续壮大到现在的一发不可收拾。所以多肉培养皿对我来说也是个神奇的培养皿。

2008-10-14

剪下来的子株

白蔓莲

Orostachys iwarenge var. boehmeri

从娘家带来的白蔓莲虽然已经抽出又长又高的花序，但一个月过去了，它就是不开花。我想是家里的阳台只能半日照，所以它的花才一直开不了。看着白蔓莲母株伸出长长的子株，就忍不住把子株剪下来另外种在培养皿里，看能不能减少母株养分的消耗。

玉缀（玉串 / 玉帘）

Sedum morganianum

这是玉缀的叶子。很神奇喔！它是我从巴厘岛搬回东京时摘下带回来的，一共带回了五粒叶子。刚回来时天气很冷，暑假我又回台湾两个月，没有好好照顾，它们也一直没发芽没长根，叶子也只剩两粒，没想到最后其中一粒居然不知不觉冒出小叶，距离从母株取下的那天算起已经八个半月了，超耐活的！另外有一粒叶子也长出了小叶，但不知为何，母叶妈妈不见了，这小宝宝好坚强，自力更生然后也生出小叶了。我终于知道玉缀的生命力有多强了！

把长出小叶的玉缀从瓷盆移到培养皿内好好照顾。

2008-10-15

喜出望外，百元店买到仙人掌

黄金司（金手指）

Mammillaria elongata

好大一株喔！真是有赚到的感觉。原本的盆太小觉得太委屈它了，所以特地又买了个瓷盆来装，再放几个卷绢小宝宝陪它一起住。

经过家里附近的百元店时，忽然眼睛瞄到百元店靠走道的架子上面，居然摆了好多盆仙人掌和一些观叶植物，马上停下脚步，动手把神仙堡、日之出丸、黄金司和金晃买下来。从来没想过在百元店也能买到仙人掌，而且在日本这种尺寸的仙人掌不便宜，能在百元店买到真是太高兴了！

金晃

Eriocactus leninghausii

一头金黄色毛毛造型的金晃超可爱，顶端生长点更是毛得不得了，让我忍不住想往中心点看，甚至拨开看看里面有没有藏什么。不过手会刺到还是作罢！看着这种可爱的仙人掌，心情就会不自主地好起来！

神仙堡

Cereus tetragonus

像座小山一样的神仙堡，姑且不论是不是真能吸收电脑释放出来的电磁波，光看生长的模样就觉得它好特别，到底能冒出多少侧株来呢？

神代柱

Cereus peruvianus

买它是因为多年前曾在北海道买过一株我很喜欢的柱形仙人掌，所以再次看到这种柱形仙人掌时，就想要再养一次。

2008-10-16

在平常去买菜和日常用品的Home Center（家用杂货中心）里有一个园艺区。爱上仙肉植物的我当然要找找看有没有可以带回家养的。结果发现有一处专卖百元仙人掌小苗。这些小苗都没有带盆，一个个裸着根，只带着一点点土，装在透明塑料小袋里摆在篮里让人挑选。我就带回了神代柱、牡丹玉和金盛丸回家。

从 Home Center 带回的仙人掌苗

牡丹玉

Gymnocalycium mihanovichii var. friedrichii

喜欢它匀称的几何造型，数一数有八个棱角。上网查的资料里说：如果多晒太阳，牡丹玉可以变得很红很红的喔！那我就来努力晒红它吧。

以前住北海道时养的柱形仙人掌，我很喜欢，觉得棱上的毛刺可爱极了！会让我想到西部牛仔冬天穿的背心。

金盛丸

Echinopsis calochlora

右图左上那株翠绿色的仙人掌，后来得知叫金盛丸。查到的资料上写着金盛丸很会生侧芽，耐旱又好养。买回家后就用小瓷钵把它跟神代柱和卷绢养在一起，再铺上贝壳沙，这样就是一盆简单又可爱的仙肉组合了。

2008-10-17

我在东京最早种的多肉——野兔耳和爱之蔓

野兔耳

Kalanchoe tomentosa cv.

这盆是在逛 Home center 园艺区时发现的，而且架上就只有这一盆，马上下手！在我家附近的商店或卖场的园艺区，通常都只看得到仙人掌，有其他多肉也是多肉的组合商品，价格不便宜。所以当我看到一直想要拥有的兔耳朵时真是高兴极了！兔子叶毛毛的、厚厚的，好可爱喔！

爱之蔓

Ceropegia woodii

2 英寸盆的爱之蔓，买回家后就装在小瓷器里。虽然爱之蔓的叶子不是很肥厚，但看着四处伸展蔓延的枝条，也是很有趣的呢！

多肉书上说，剪一小段枝条平铺在土上就能扦插出另一盆爱之蔓。所以我就剪了一小段有着两对叶子的枝条平铺于土上。盆是拿甜筒冰淇淋下半部的杯子做的。

2008-10-18

2008-10-14

空气凤梨

Tillandsia velickiana

一见就爱上它那乱飞乱舞的叶子，感觉好自由，不受限制！尤其是它那银白的毛茸茸的叶，真是愈看愈惬意。

再度挑战，把空气凤梨带回家

万圣节快到了，Home Center 园艺区也推出了一些应景的产品，其中也有我最喜欢的多肉，不过是好几种多肉组合在一起的盆栽，里面也没有我中意的，所以没买，倒是在多肉盆栽区旁看到了一篮不需要盆土也可以养的空气凤梨（简称“空凤”）。

第一次看见空气凤梨这种不需土壤的奇妙植物，是 2005 年底在逛台北地铁商业街时，老板滔滔不绝地介绍了许多多肉植物，特别是听起来很神奇的空气凤梨，并演示了如何用热熔胶将空凤粘在枯木上。当时我内心还在为空凤们喊痛！在听了那位口才很好的老板的介绍后，我就开始陷入空凤的世界里。那时买的是小白毛和虎斑。

后来因为搬家，加上不懂空凤的习性（还有老板一直说不用浇水，只要过段时间喷一次水就可以），所以我和空凤的初恋很快就结束了。如今再度看到空凤，心里那股怀念油然而生，当然最重要的是，看到那些个个都像艺术品般的空凤，实在很难抗拒。所以就带回家来，看它“张牙舞爪”的叶子，真是赏心悦目！

2006-2-10

虎斑（小天堂）

Tillandsia butzii

小白毛

Tillandsia fuchsii

这两株是我第一次养的空凤。

上星期跑去家具大卖场，在那儿也发现了仙人掌的踪影！我又毫不犹豫挑了两株喜欢的仙人掌回家。感觉仙人掌在日本似乎已经变成了居家摆饰必备的一项，不论是Home Center这类杂货店，还是大型的家具店都能看到特售的仙人掌。

2008-10-21

仙人掌家族新成员——丽蛇丸&精美丸

这间店卖的仙人掌都是裸根放在有很多洞的培养皿中，客人看到喜欢的，就可用桌上提供的竹筷夹起，放进已贴好价格标签的包装袋里。它们一定都很期待被人挑中吧？

丽蛇丸

Gymnocalycium damsii

精美丸

Coryphantha werdermannii

裸根未附盆，回家后拿1英寸盆来装。

2008-10-21

最初的多肉窗台

告别了我在巴厘岛的多肉们，还是会常常想到它们。好在搬回东京，我家附近的 Home Center 和百元店也都有多肉的踪迹，让我能再次沉迷在多肉世界里。

每次到 Home Center，不管是去买食物还是买家用品，一定会拉着老公特意走到园艺区摆放多肉的地方去看看各式各样的多肉。看看有没有当天进的新货。如果有喜爱的、价格也合适的多肉就把它们带回家！自己一个人坐着商场的班车去时，更是可以将园艺区从头逛到尾！看土壤、看肥料、看种子、看材料、看花草……一待就是一小时，真是疯了！即使没有新产品，还是可以看好久，都快受不了自己了。陆陆续续买的多肉，被我养在客厅的窗台上，我每天都可以盯着它们看好几次。看到老公都会问，它们变不一样了吗？哈！待在客厅看着这些漂亮的多肉们，心里就有满满的幸福感。

2008-10-22

多肉植物好书介绍

多肉植物 体验独一无二的形状与颜色

这本书是我还住在北海道时买的。那时从台湾带了一些多肉回去种，又在家附近的商场买了许多可爱的1英寸盆仙人掌，自此对多肉就倍感兴趣。想在书店找书来了解多肉时就遇上了这本不可多得的好书！虽然不懂日文，但还好这本书里的照片很丰富，一半是介绍如何利用形色多变的多肉组合出漂亮的多肉盆栽，一半是介绍多肉的种植与繁殖方法、多肉徒长时的处理方式和多肉的环境喜好等知识，还有88种多肉的图鉴介绍。这对初学者的我来说无疑是最需要的多肉知识宝库！

我常常拿这本书来翻看，看到老公都会问我：“你这是看第几遍了啊？”我跟老公说买这本书超值的，虽然只有125页，但三年下来翻了30多次。

美丽的多肉植物

这本是我要大力推荐的第二本多肉植物好书。书里除了有许多美丽的多肉组合照片外，还有160种多肉的图鉴介绍及多肉种养注意事项，内容精彩度不输给上面那本，尤其是书里刊载了许多如艺术作品般的多肉组合，看得我对多肉组合更着迷，也让我有更多想法和创意。

享受仙人掌和多肉植物带来的乐趣

这本开本虽然比较小，但也介绍了许多漂亮的多肉组合，还访问了专门培育多肉的农家和专家。仙人掌和空气凤梨也都有涉及。

这三本书内容都很丰富，每一本都让我一翻再翻，故在此推荐给喜欢多肉植物的朋友。

看到可爱的多肉，真是让我招架不住

1~6 依序为

子猫之爪
Cotyledon ladismithiensis 'Konekonotume' / *Cotyledon ladismithiensis* var.

姬胧月
Graptopetalum paraguayensis 'Bronz'

十字星
Crassula perforata var.

千兔耳
Kalanchoe millotii

锦之司
Echeveria 'Pulv-oliver'

虹之玉锦
Sedum rubrotinctum 'Aurora'

2008-10-23

拉着老公跑去常去的 Homes Center 园艺区，看着看着，眼睛突然一亮！哇！一个平台上居然有一大盘多肉耶！以前每次去都只有仙人掌，这次居然有好多种多肉！真开心！“老公，你去旁边坐着，我要来跟它们打招呼了！”就这样挑着挑着，难以取舍地选了六盆带回家！

2008-10-24

酒红色叶的姬胧月 & 锯齿叶缘的千兔耳

当我在卖场第一眼看到姬胧月时就好喜欢！种在 2 英寸盆里的它长得犹如红玫瑰般可爱！

两小株姬胧月利用扦插与叶孵，三年后养成满满一整盆肥嘟嘟的姬胧月。

姬胧月

Graptopetalum paraguayensis 'Bronz'

胧月的园艺改良品种，群生的姬胧月有着三角立体感的饱满叶片。经控制给水及充足日照后，叶子会呈现红铜色（所以命名为 Bronz），叶片也会更为饱满。

千兔耳

Kalanchoe millotii

有着锯齿叶缘的千兔耳，在淡绿色的叶子上铺了一层短细毛，摸起来很舒服，摸着摸着就忍不住放进购物篮里了。

两片叶子经过一年就孵出了这么多的千兔耳来，真是多产又好养的乖兔耳啊！

2008-10-25

有熊，也要有猫啦！没想到我还没碰上爱肉人士必败的熊童子就先遇上了只有三个爪尖（叶尖）的子猫之爪。看着子猫之爪觉得还真有趣，多肉里有熊掌，没想到还有猫爪！

子猫之爪

Cotyledon ladismithiensis 'Konekonotume' / Cotyledon ladismithiensis var.

子猫之爪跟熊童子长得很像，鼓饱的叶上都带有绒毛，只是猫爪比熊掌小了点，尖尖的指甲（叶尖）也少了点。

多肉“猫咪”子猫之爪 & 多肉里的“圣诞红”锦之司

2012 年 8 月 22 日，从 1.5 英寸盆换进 2.5 英寸盆的猫爪们，历时四年后侧芽愈长愈多。

锦之司

Echeveria 'Pulv-oliver'

它是锦晃星与花司的杂交种。锦之司有着宝剑状的叶片，叶子有着细短的绒毛，在日照充足和低温下会出现亮紫红的叶缘，非常漂亮，当红叶缘扩大，就很像多肉界中的圣诞红了。

寒冷的冬天，在太阳公公的努力工作下，锦之司愈来愈火红。毛茸茸的叶片摸起来好像在摸品质很好的灯芯绒布料。

糖果般的虹之玉锦 & 层层堆叠生长的十字星

2008-10-26

一开始我只知道虹之玉，也好喜欢它圆滚滚、红通通的模样，后来才知道原来它还有锦斑品种。当我看见虹之玉锦时，哇！真是太可爱了，叶子居然是粉红色的耶，所以当然一定要带回家啰！

买时标签上注明的是“十字星”，但是我有两本多肉的书上都只有“南十字星”，本来还以为是店家忘了把“南”字标上，上网查找后才发现，南十字星是十字星的锦斑品种，没有锦斑的就只能当十字星啰。之前从没买过这一类的多肉，但看一下我买的，不是莲座形就是叶子毛茸茸的，很少有这种叶子层层生长的，所以就想买一株回来种种看。以后要做多肉的组合也可以选择。其实看久了它也蛮可爱的啦！

十字星

Crassula perforata var.

生长最高可达 20 厘米，比星王子株形小一些，叶缘在低温日照下会显出紫红边。十字星比较难有侧枝生出，如果要繁殖的话最好用胴切法。

当时看着仅叶缘有一点点红的十字星，万万没想到在冬天可以红成这样！

虹之玉锦

Sedum rubrotinctum 'Aurora'

人气品种“虹之玉”的有斑种，又名“宇宙锦”，置于日照良好的地方，叶子全都会呈现鲜明的粉红色。

寒冷的冬天把虹之玉锦冻成整株呈亮粉红色的模样。

红化妆、胧月和素烧钵新家

2008-10-30

又带回两位肉肉小朋友。前几天去Home Center，发现有新的肉肉了！这次进货的农家好像不太一样，多肉们是裸根装进透明小塑料袋里让人拿取的，而且这次居然没有标签，有一株回家上网查找后才晓得是红化妆。因为买时是裸根，所以还特地买了两个透气性良好的小素烧钵给它们当新家。

红化妆

Echeveria 'Victor'

看到这株时就好喜欢，叶色翠绿，叶尖还带一点红，而且它的茎部还有三个很小很小的侧芽喔！好可爱，希望它们能快快长大！

红化妆是个很会长侧芽的多肉，所以群生真的不是难事！

两年后，耐旱耐冷的胧月居然长成好大好大的一株，最大时都超出我的手掌心了。

胧月

Graptopetalum paraguayense

因为胧月真的很普遍，所以即使没有标签也认得。

好天气，将这两个月陆续带回家的多肉们排好队晒太阳啰！

这是 2006 年在台湾买回、在北海道种的大和美尼。

2008-11-1

一直很喜欢也很想念之前割爱给朋友的肉肉，其中有株像莲花般的肉肉一直不知道名字，也很少看到图片。花友提醒日本网拍（网络拍卖行）卖很多多肉，我就跑去看，结果竟看到一株跟我喜欢的那株好像，原来它叫大和美尼啊！搜寻了一下日本网拍，只有一位卖家在卖。我就跟老公说：“我要拍啦！不管多少钱我都要拍到它，以抚慰我的思念之苦。”

终于等到结标那天，果然有不少人都想要得到它，可恶！但他们终究还是敌不过我的相思之苦，大和美尼还是被我拍到了！

网拍购肉初体验——拍到大和美尼

完成交易后，等了三天终于送来啰！卖家还在盒子上割了个小洞以供植株呼吸，真贴心。

迫不及待地开封，拆开纸巾像拆礼物一样兴奋！一看到大和美尼，哈！好小喔，比我想象中的小好多，跟 1 英寸盆差不多大小。拿起大和美尼放到手上时，它已经软趴趴的，赶紧拿出 1 英寸小盆先安置好它再说。

种在 1 英寸盆里刚刚好，就像两年前那盆一样。隔天早上一起来就马上跑去阳台看它，很开心它的叶子已经稍稍展开，也有些硬度了。我想再过几天它一定会恢复得更好吧！

大和美尼

Echeveria 'Yamatomini'

一直养在 1 英寸盆里的大和美尼，经过两年多，株形虽没变大，可是叶子变得好饱满好立体！

这几天看了好几位前辈花友的多肉，发现子宝、虎之卷和卧牛这一类长得都好像！尤其是子宝和虎之卷，真看不出来哪里不一样。查了一下网络，发现虎之卷如果是地植的话，可以长到好大一株。

疑惑不解的我在网上发帖之后没有多久，就得到一位前辈的指点。他说虎之卷（*Gasteria gracilis*）是原种，子宝（*Gasteria gracilis* var. *minima*）是虎之卷的迷你变种，植株非常小，叶子又短又胖，很容易长侧芽，挤在一起。子宝株径为5~6cm，而虎之卷株径都有10cm以上，尺寸差很多。所以我这盆应该是虎之卷才是！

它到底是子宝还是虎之卷

2008-11-2

虎之卷

Gasteria gracilis 'Baker'

这棵虎之卷从公婆家拿回来时只有一小盆，挤得满满的，后来被我拆成三盆。

首次参加日本多肉展

1

2

1、2. 就是在这里会有个多肉展销会？带着好奇的心继续往里面走……

2008-11-6

随着中“肉毒”愈来愈深，我开始上网寻找日本多肉的消息。在 ISIJ 日本国际多肉协会上我看到了一则告示，11 月 3~5 日这三天，在神奈川的总持寺有个多肉植物展销会。心很痒很好奇的我，4 号中午就自己一个人搭电车去看了，希望能买到一些一直想要的多肉。

坐了大约一小时的电车，到达了 JR（指日本铁路）鹤见站，再跟着路标往总持寺的方向走去，日本的路标真的很贴心，一路上都可以看见，让第一次出远门寻找目的地的我感觉还蛮安心的。大约走了十来分钟，就看到了总持寺的石碑和大门，总算到了。

遇见多肉老前辈小林先生

多肉植物展销会的会场到了！充满期待地到了那边一看，啊!？怎么只有四五个摊子而已，本来想着会像台湾花市一样，花山肉海、人潮涌动，结果完全不是这样，有点小失望，但还是蹲着看了好久。后来跟其中一个摊位的老板小林浩先生用我小学生程度的日文聊了一下，原来这个展销会的商品完全是多肉植物协会会员个人栽培出售的，纯粹是因为兴趣。

小林先生说他自己是老一辈的多肉人，在NHK还不定时有专栏来介绍仙肉，还出版了一些书拿给我看，真的耶！很荣幸能碰上他，没想到这位和善的老先生居然是位仙肉专家。

照片左起第三位即小林浩先生。

小林先生说他到过台湾三次，到过高雄、台中等地，跟台湾的肉友交流。还说他很惊讶台湾多肉种得那么好，甚至比日本好，我听了真是高兴啊。最后我从小林先生那儿买了红大内玉和景天科的萝拉，在隔壁摊位买了金盛丸、星兜、群生仙人掌、不死鸟锦、三色叶和姬玉虫。

展销会上的仙肉

来分享一下我在展销会上遇见的美丽仙肉吧！

我的战利品。

接着到 Lazona 购物中心园艺区

离开总持寺后，因为要等老公下班一起回家，所以我又到川崎的 Lazona 购物中心逛逛。到了里面的园艺区，哇！有好多种多肉植物而且都很便宜，真是来对了，不过在总持寺已经买了一些，就先挑一盆可爱的小玉吧！那天真是大丰收日，算一算总共买了九盆多肉。老公看到我时，问：“买了很多吗？”我说：“嗯，都很喜欢，没办法。”老公只是看着我满足的样子笑了笑。我知道老公对花花草草不感兴趣，但还是给我很多空间和金钱支援，哈哈，真是谢谢你啰！

再添空凤新成员——贝可利、小蝴蝶和女王头

贝可利

Tillandsia brachycaulos 'Schlechtendal'

一年半后的模样，放射状的株形真漂亮。

2008-11-19

11 月 2 号看到 Homes Center 进了一些新的空气凤梨，虽然冬天到了，不太容易照顾，加上家里地方不够，但心里还是痒痒，就挑了三株空凤和两株仙人掌（真的很难控制不带它们回家耶，救命喔）。

女王头

Tillandsia caput-medusae 'E. Morren'

带回家查名字时，才发现它有一个很有气势的名字——女王头！

四个月后，女王头生小女王头了。

养了一年多后开始冒出花苞。

小蝴蝶

Tillandsia bulbosa 'Hooker'

比较偏爱银叶系的空气凤梨，但看到这株绿叶系的小蝴蝶时，被它那乱长的不规则硬叶给吸引住了。

再添仙人掌新成员——绯花玉和神代柱

神代柱

Cereus peruvianus

这次买的也是裸根的仙人掌小苗。虽然之前已经买了一株神代柱，但当看到这株有两截叶片的神代柱时，觉得很好玩，所以尽管左边那片叶好像有伤，我还是买下来了。

2008-11-20

现在每次去 Home Center 时，一定会跑去专门放仙肉的地方看看有没有什么可买，这已经变成习惯了。除了三株空气凤梨外，还买了绯花玉和神代柱两株仙人掌。

绯花玉开红花的迷人模样。

绯花玉

Gymnocalycium baldianum

买绯花玉时并不知道它的中文名叫绯花玉，只看到日文写着“ヒカ玉”，觉得它透绿透绿的，很漂亮，就挑了一株，后来回家上网查才知道它会开漂亮的红色的花，真期待！

从 Lazona 购物中心
带回 4 盆多肉和 2 株空凤

2008-12-11

自从发现购物中心的园艺店都有仙肉和空凤专区，我就特别爱去。我好像疯了一样，只要老公休假，不管是去家附近的 Home Center，还是去我指定的购物中心，我都一定要带几盆仙肉或空凤回家，不带就好像哪里不对劲一样，而且脑子里也从没想过要两手空空地回家。

黑兔耳

Kalanchoe tomentosa cv.

一看到这盆黑兔耳就好喜欢！本来在网上看黑兔耳照片，觉得不就是兔耳叶缘黑一点而已嘛，但实际看到之后才知道它的美！

1. 老一点的叶子叶缘非常浓黑，而新叶叶缘则是浓浓的咖啡色，好像灯芯绒一般，看了就忍不住想要摸。
2. 挑这盆是因为底下还有掉叶之后叶孵长出的小苗。

1

2

小叶子紧实地长在一起，真可爱。从上往下看，能看到它几何图形一般的模样。

新玉缀（新玉串 / 新玉帘）

Sedum morganianum 'Buritto'

看到的时候并不知道它就是新玉缀，只觉得长得好可爱。其实平常看书看到过新玉缀的介绍，但是照片上的新玉缀都是已长到垂下盆沿，而这里卖的都不到 5cm 高。回到家上网对照名字才发现原来这些就是新玉缀！

老公每次都问我：“啊！你还没买够啊？已经很多了耶！”哈哈，怎么可能买够？我都会回答他：“哎哟！多肉的种类有几万种，我有的只是其中很小很小很小的一部分而已，我还有好几种想要的都没有找到呢！”昨天又跟他说：“我好想去上次发现有很多多肉的 Lazona 看多肉喔！”过了几小时后，我就在那里开始我的寻肉任务了。

令人满意的是，这次又发现了很多上次没看过的多肉，最后放进篮子里的有黑兔耳、野玫瑰之精、新玉缀和一直想要的绿之铃。还没完喔，还有空凤区呢！接着我又跑去温室里的空凤专区，哇！这次也进了不少新的空凤，挑着挑着，小精灵和哈里斯也入篮了。所以又是成果丰硕的一天，好满足！

野玫瑰之精

Echeveria mexensis 'Zalagosa'

之前在书上看到过，但可能是书中那一株并不讨我欢心，看了没啥感觉。等到实际看到这株后才觉得它有引人注目的美。所以不管什么肉都是眼见为实！

一直很想养绿之铃。记得当我第一次看见有这种绿绿的、小叶子圆滚滚的植物时，我就很想养了。总觉得好特别，叶子居然是圆珠状的造型，圆珠叶上还有像猫眼睛一样的“窗”，一串串垂下来，真是可爱极了！虽然平常逛卖场看到过大盆的绿之铃，但我有个怪癖，就是不喜欢一下子就买现成大盆的回来养。我喜欢从小种起，然后跟它们培养感情，一起成长，等到它们长满一堆时就很有成就感了。老天爷好像知道我的怪癖，终于让我看到小盆的绿之铃！二话不说放进篮子里。

绿之铃

Senecio rowleyanus

小精灵

Tillandsia ionantha

在 Lazona 的园艺区挑完多肉后，进温室去看看有没有新进的空凤，结果真的有，不过中意的只有两件。这株是小精灵，因为看到前辈家的小精灵在开花前叶色变得好漂亮，花也很美，加上大家都说它很好养，就也有了带它回家的念头。

哈里斯

Tillandsia harrisii

看到哈里斯时，很快就被它那银白色硬挺的叶子给吸引住了。

声势愈来愈浩大的阳台多肉群

1

2008-12-12

回东京后开始重新接触多肉还不到四个月，近四个月来天天想的都是找肉、买肉、种肉，家里的多肉群声势愈来愈浩大了！

2

3

1. 家里前后阳台刚好是朝向东、西，所以早上就会将篮子放在朝东的阳台，到了下午再移到朝西的阳台，非常勤劳地让多肉们享受日光浴。

2、3. 圆盆是仙人掌区。

4

5

7

6

4. 看到它们享受着日光浴，我的心情也很好。
5. 目前为止的空凤大合照。
6. 白蔓莲也伸出小手了！
7. 因为室内窗台空间不够，所以地上这些多肉们一直住在阳台上，晚上也不用搬进室内。

总持寺展销会带回的仙肉宝贝近况

2008-12-13

金盛丸

Echinopsis calochlora

之前买的金盛丸被我养死了，不死心再种一次！这株有很多小侧芽喔。

1. 帮群生的金盛丸换了个由布丁杯改造的圆盆。
2. 不知道它到底是薰晃殿还是群生的白宝丸呢？终于等到开花了。
3. 帮它换一个漂亮的瓷盆。

1

2

3

不死鸟锦

Kalanchoe daigremontiana f. *variegata*

不死鸟锦的小子株掉落后，可拿去另种一盆。

三色叶

Sedum spurium 'Tricolor'

刚买回来时短短的，很稀疏，一个月后长高不少，叶子也变多了。

星兜

Astrophytum asterias

看到花友家的星兜都好可爱，所以一直也想要有一株。看到老板只有一株，快点买下。一个多月后，本来扁扁的星兜，长得有点鼓起来了。

姬玉虫（水晶殿）

Haworthia cymbiformis var. *obtusa*

以前养过一次，从台湾到了北海道再到了巴厘岛，再回到东京。不过去年夏天还是离我而去了。现在再养一次。

1

萝拉

Echeveria 'Lola'

1. 从多肉老前辈小林浩先生那里买的萝拉。
2. 一个月后发现有小侧芽（后来才知道那是花芽）长出来了！

2

红大内玉

Lithops optica 'Rubra'

从小林浩先生那里买的。看到时觉得它好可爱，好像某种动物的头，嘴巴张得大大的，好像要吓人一样，旁边还躲着一只小的。后来一问价格，可以买三盆半的常见多肉了！小林先生说它跟其他多肉比起来要难养得多。我就在想，我这个新手真要来残害它吗？小林先生又说经验是花钱得来的。后来因为实在对它爱不释手，就决定买来挑战啦！

小玉

Sedum 'Little Gem'

(*Cremnosedum* 'Little Gem')

总持寺展销会结束后，跑去附近 Lazona 购物中心里的园艺区看到的，觉得很可爱就带回来养了。

看它是不是变胖很多啊？买回来这一个月水喝得饱饱的，叶子胖胖的、硬硬的，难怪叫小玉，叶子真像一颗颗小玉石一样。

2008-12-14

白蔓莲开花了！

白蔓莲

Orostachys iwarenge var. boehmeri

从9月底开始白蔓莲就抽出花序，这枝花序一直不停地长高、长粗、长壮，花苞愈来愈多，但等啊等，等啊等，就是一直等不到开花。因为入秋后天气愈来愈冷，冬天也快到了，所以一度还在怀疑它是不是开不了花，没看过白蔓莲的花，很想看耶！

好在花苞愈来愈大的样子，让我对它有了信心。到后来我才想起，白蔓莲是原生在北海道海岸岩缝上的多肉植物，耐寒性非常好，东京的秋冬对它来说，绝对不是问题！

1. 终于开花啰！一下子开了五朵小花。
2. 隔一天又长出了好几个花苞。
3. 看我们的花序，很高一串吧？

1

2

3

4

4. 花苞已经多到数不清啰！下午还有只小蜜蜂在采蜜呢！

5、6. 开到顶！花苞全开了！

7. 终于用尽力气将整串花序的花苞都开完，白蔓莲妈妈，您辛苦了！母株开始枯竭，下叶变黄萎缩。

7

5

6

稳定成长中的黑法师

2008-12-15

去年在大型家具店看到黑法师，心里想着，总算遇到了。一直都只是在书中、网上或者是花友贴的照片里看到黑法师的帅气身影，如今终于可以带回家养，真是开心！

1. 在店里卖整排的黑法师，状况都不怎么好，可能因为缺水，全都软趴趴的，好不容易找到一株比较好的，希望它能够快快长大、长漂亮。
2. 带回家三个星期后的黑法师很有精神啰！太阳还晒得不够多，如果日光浴充足，黑法师的叶子会被晒得全黑呢！还记得在旧金山渔人码头看到的好大一株多头黑法师，不知我的黑法师小苗要养多久才能变成那样呢？

2008-11-19

1

黑法师

Aeonium arboreum var. atropurpureum (standard form)

2008-12-10

2

绿之铃开花了，好香啊！

2009-1-7

这盆是2008年12月8日在Lazona买的绿之铃，2.5英寸盆带着两个花苞。买回家后因为绿之铃喜好全年半日阴，因此我把它放在了客厅的窗台边。过一阵子后发现最小的那个花苞不知为何已经干缩掉了，还好大个花苞的花梗愈长愈粗。

1. 早上发现花苞打开了耶！原来绿之铃的花是管状花，一个花苞内有着好几朵小花，而且味道很清香喔！
2. 一朵朵的管状小花陆续打开来，刚才只看到开一朵小花，过了不久再去看，又开了两朵。
3. 隔一天，花苞开更多，外圈全开了。

1

2

3

晚上我都会把窗帘拉上，但是只要一坐到沙发上，就会闻到那股阵阵扑鼻的清香，花香可以持续好几天。没想到绿之铃的花不只可爱，还这么好闻，心想，如果以后养得好，一次给我多开点花，那不就满室清香了？期待！

绿之铃

Senecio rowleyanus

4

4. 花苞全开啰！阵阵清香扑鼻而来。

旧金山的意外之喜——多肉花圃、黑法师和巨大多肉蟹

1

2009-1-14

1. 海豚造型下方也有不少莲花掌属（Aeonium）的绿法师和千里光属（Senecio）的美空鉾。
2. 当我在联合广场的花台看到它们时，真是又惊又喜，没想到能在这里遇上这么旺盛的一大片琴爪菊和星影合植的多肉花圃。

2008年9月和老公重游旧金山时，在联合广场和渔人码头遇见了令我尖叫连连、无法忘怀的多肉。看来旧金山的气候非常适合多肉植物啊！大家如果有机会出国走走，也不要忘记四处找找看有没有多肉的身影喔！

2

在渔人码头看到这只巨大的多肉蟹时，我一直“哇哇哇”不停地叫着。因为它真的是好大一只！蟹身上种满了多肉，好壮观啊！旧金山四季都很凉爽，即使有大太阳，风还是冷的，我想这是最适合多肉们生长的环境吧。离开这只多肉蟹时还真依依不舍呢！

黑法师

Aeonium arboreum var. atropurpureum (standard form)

像黑色菊花般的黑法师。在旧金山遇到黑法师之前，只在相片上看过，所以当我第一次亲眼看到这么大一株黑法师，有点惊为天“肉”！它真的好漂亮，不知道要种多久才能长到这样大呢？

把多肉们都拿出来后，我拍了一张集体照。拍完照就赶紧帮多肉们安顿新家了。除了一小株百合快要变成果酱外，大都状况良好。多肉植物真是太强了，要知道它们足足被关在盒子里有一周多呢！

肉友分享的爱心牌多肉

2009-1-23

“哇！”这就是我收到肉友寄来的爱心多肉后的第一反应啦！早上还在赖床，听到门铃声时，就很兴奋，瞌睡虫都不见了，知道一定是肉友要给我的惊喜寄到了。老公问是什么，我说我也不知道，只知道是肉友要给我的惊喜。接着就迫不及待拆开盒子。肉友包得还真严实，对我这颗充满期待加兴奋异常的心来说真是一大考验。打开盒子后，不由自主地边拆边笑。肉友实在是太可爱了，我可以感觉到她包装多肉时的用心。

螃蟹兰

Schlumbergera truncatus K. Sch.

会开红花的螃蟹兰，我把它跟公公之前给我的螃蟹兰枝条扦插在了一起。

姬胧月

Graptopetalum paraguayensis 'Bronz'

肉友家比较大的一株，我把它跟我原有的种在一起。

松之霜

Haworthia attenuata var. radula

百合科的成员。

番杏柳

Rhipsalis mesembryanthemoides

会开白花，看到它时觉得好特别，很可爱，栽种前已经有点软趴趴的，赶紧扦插到土里。

重瓣长寿花

Kalanchoe blossfeldiana

会开出红色的花喔！

姬寿锦

Haworthia retusa f. variegata

叶子带有少许白色锦斑喔!

玉露

Haworthia cooperi

三株鲨鱼掌属的小幼苗。

星兜

Astrophytum asterias

看到它时笑出来了，因为好小一粒好可爱，一不小心还会漏掉。拿起来看到它底部有点皱，所以先浇一些水，放在室内暖和的地方。

象牙丸

Coryphantha elephantidens

爱之蔓锦

Ceropegia woodii f. variegata

爱之蔓锦的颜色好漂亮，是紫色的，所以我拿紫色的盆来养它。家里原本养的是一般的绿叶爱之蔓，所以当我看到紫色心形叶片时就觉得它好美好特别！不过从盒子里拿出来时，许多叶子都已干枯掉了，好伤心喔。拿了小碟子浅浅地装了一些水，将它浸了一会儿，尾端的嫩叶好像恢复过来了，希望它能过关。

卧地延命草

Plectranthus prostratus

之前有位花友寄一些枝条到我台湾的家，由妈妈替我照顾着。真好，我两个家都有这个漂亮的宝贝，希望它快点生根，多长一些枝叶。

初恋

Echeveria 'Huthspinke'

就跟初恋一样美，颜色好漂亮。

千代田之松

Pachyphytum compactum

两粒胖胖的、圆滚滚的千代田之松叶子，好像刚结果的小枣子一样，把它养在窗台前的小苗培养皿里。

天锦章

Adromischus cooperi

叶子四片。

大和姬

Echeveria 'Yamatohime'

大和姬跟大和美尼真的很像，上网查了一下，大和姬比大和美尼大，秋冬红叶季节时，大和姬的叶缘会呈现粉红色，不同于大和美尼的暗红色。

2009-1-24

日本网拍竞标到手的大和姬

在日本网拍时看到这株大和姬，心想这株怎么跟我以前种的那株大和美尼这么像！之前那株到底是大和美尼还是大和姬呢？不管啦！拍下再说。就这样它来到我家了。多肉邮包送到家，打开盒子一看，哎哟，怎么跟我的大和美尼这么像，只是这株比较大（约 2.5 英寸盆），该不会也是大和美尼吧？上网查了一下也不是啊！不过它们还真是超像。养了几周后，天气比较冷了，给水也有控制，才发现大和姬的叶缘开始明显呈粉红色了，不像大和美尼是暗红色的。哈！这样就放心了，没有买重。

1 英寸盆的大和美尼。

子猫之爪开花了！

2009-2-1

前些时候就发现我家猫爪的中心生长点有个鼓鼓的、小小的东西，当时怀疑可能是花苞，但不可能啊，春天还没来耶，结果到后来发现真的是花苞，很好奇会怎么发展，我们一路看下去吧！

1

2008-12-11

1. 从中心生长处长出两个毛茸茸的花苞。

2

2009-1-13

2. 花苞现在已经一个半月了，成长的速度很慢，有点担心它开不了花。随着花苞愈来愈大，心里的期待也愈来愈盛。

从 2008 年 12 月初到现在快有两个月了，看它一点一点长大然后开花，而且那么小的一个瓷盆，还一起种了别的植物，平常也没给什么水，居然还是继续长大到开花，真是太令人感动了。一直到 2009 年 2 月 1 日，猫爪的花还开着，只是整朵花有点下垂了，有一片最底部的叶子也枯掉了，大概是精力用完了吧，那么努力地开花给我看，想对它说声谢谢！

子猫之爪

Cotyledon ladismithiensis 'Konekonotume' / Cotyledon ladismithiensis var.

哇！开花啦！突如其来的，毫无心理准备，只是用眼睛余光瞄了窗台一眼，发现它已经偷偷开花！还是一次全开！真是一个惊喜的早上！花苞成长时外面一直是绿色的，只有尖端有点橘红，花瓣打开后原来里面是淡橘色的耶！子猫之爪的花原来长这样啊！

2009-1-23

绿之铃

Senecio rowleyanus

2009-2-2

不断冒出绿豆豆的绿之铃

看着绿之铃一串串垂下来，好可爱啊！从去年养到现在快要满两个月啰，曾经看过一篇有关绿之铃的文章，说绿之铃很不好养，晒太阳也死，不晒太阳也死，少浇水也死，多浇水也死。我就带着这种不太有安全感的心情来养它，结果发现它超好养的，至少它在我家窗台生长得就很好耶！

我买的多肉书上说它一整年都是半日阴环境即可，在网上找到的资料也这样说，买来时盆上附的标签也这样注明，所以我从买回来就一直放在窗边（我家窗边的光线很够，且可保证阴凉）。至于水，刚开始我不敢浇很多，心想冬天少浇点，但发现叶子愈来愈没有光泽了。

过了几天又看到一篇文章说只要看到绿之铃叶表没光泽了就是缺水，而且凉爽的秋冬是绿之铃的生长期，可多给点水，看完后我马上就去浇水。在我浇了水之后几天发现它的叶表真的恢复光泽了，所以现在我很久才浇一次，但一浇都会浇到水流出盆底一些。目前窗边的温度白天是20℃上下，晚上则降到15℃左右，这样凉爽的温度刚好适合绿之铃，所以我的绿之铃养在窗边生长得超快，每次注意到它时都会发现又有新的枝芽冒出来了。我还折了一小段平放在另一个花盆土表，现在也有新枝芽跑出来啰，还蛮有成就感的！

子猫之爪终于开了第二朵花

2009-2-3

才说第二朵花苞不晓得还要等多久才开，今天早上帮多肉们拍照时发现它开花了耶！好棒喔，同时有两朵花都开着的感觉真好。本来以为一朵枯了才会再开另一朵，可见前几天浇水加了三滴液肥是有效的！不过可能是老二的关系，没有老大吸收的养分多，花瓣颜色比较淡。

子猫之爪

Cotyledon ladismithiensis 'Konekonotume' / *Cotyledon ladismithiensis* var.

1. 第一朵子猫之爪的花颜色较艳。
2. 第二朵子猫之爪的花颜色就淡好多！

1

2

姬玉虫也在养花苞了

姬玉虫（水晶殿）

Haworthia cymbiformis var. obtusa

去年从总持寺的多肉展销会上把它带回家，之后又帮它换了素烧钵。小家伙不断长着，侧芽也不断冒出来。

像绿水晶一样透亮的姬玉虫，在叶缝间冒出花序来了。期待今后的模样！

2009-2-4

前几天发现我家的姬玉虫从叶缝间冒出了一个小头，不会吧！难道它也要开花了？过几天这个小头就伸了出来，像只小手臂一样。现在还在冬天，还会冷一阵子，即使是窗边但晚上还是会冷，居然现在就长出花苞了。不过我看这花也要好一阵子才会开吧。

我家窗台的风水真好，一直生花苞，爱之蔓、绿之铃、子猫之爪和现在努力长花苞的姬玉虫，下一位不知道是谁呢？

我的幸福多肉窗台

2009-2-16

早上在替新买的古紫拍照，顺便也拍了张摆满多肉的窗台，每每看着这个摆满了可爱多肉的窗台都感到好幸福，能看着它们一天天长大真的好满足。从开始种多肉到现在，我每天都会看它们好几次，每次也会盯着它们看好久。看看特意摘下要做叶插的叶子们有没有发根，看看有没有新叶冒出来，看看叶子颜色的变化，看到老公都会问，它们变不一样了吗？哈！

看着我的多肉窗台，心里总有满满的幸福感，我真的好爱多肉啊！

自助式的多肉小苗采购记

2009-3-4

上星期去了 Sunamo 购物中心的园艺区，想看看有没有让我中意的多肉。还没走到多肉摆放的老地方，我的双眼就一亮！哇，眼前出现一个新的多肉小苗专区，还有好多盆组合盆栽，看得我眼花缭乱，是春天要到了的关系吗？怎么突然有这么多的多肉拿出来卖啊！

我很开心地一下就挑了四株仙肉小苗——秋丽、红稚儿、白花小松和老乐，之后又跑去放空凤的地方挑了一株空凤小苗——红三色。

在很多园艺卖场都会遇见自助式多肉采购区，每次买的百元小苗都像这样，很大的一个培养皿里有许多裸根小苗让你自己挑，挑好了就拿旁边店家提供的竹筷子将小苗夹入已贴好标签的透明小袋里，然后再拿去收银台结账。这种自助式的选购还蛮好玩的喔。

这次的战利品。

秋丽（愁丽）

Graptosedum 'Francesco Baldi'

刚进家门的秋丽小苗。

当我看到多肉小苗里有秋丽的时候，我真不敢相信我终于看到它本尊了！而且还可以把它带回家。其实一开始我并没有发现它就是秋丽，因为它长得跟我在书上和网上看过的不太像，但我深知多肉植物可以因照顾方式和摆放环境的不同而有很大的差别。在小苗培养皿中，大部分多肉小苗都有十几株可以挑选，唯独秋丽，只剩三株可以让我挑，可见秋丽人气很旺。最后我选了叶子比较多、体形比较大的，回家可以把下方的叶子摘下来做叶插。春天快到了，秋丽小芽一定可以很快长出来！期待啊。

这株秋丽小苗叶子比较多，叶腋间还冒出小花芽。

白花小松（碧丽珠 / 米粒花）

Villadia batesii

白花小松以螺旋状向上生长，串串翠绿的模样也好可爱！

红稚儿

Echeveria macdougallii

跟我在书上和网上看见的一样，细长的叶子，叶尖泛着红晕，仔细看，叶上还有若有似无的纹路，这么可爱，怎能不带它回家呢？

在逛了许多购物中心里的园艺店后，发现就属 Sunamo 的空气凤梨最多了，比川崎市的 Lazona 卖的种类和数量还要多。所以在挑完多肉小苗后，我又高高兴兴来到空凤区挖宝，就挖到了这一株红三色。将它拿在手上把玩后感觉还不错，纤细微弯、针状造型的叶子好漂亮。好！就是它了，所以它就成了我家第十一位空凤成员啰！

红三色

Tillandsia juncifolia

把它拿在手上让我联想到了茶道道具——竹筅。

老乐，听到这个名字就感觉跟它的长相很贴切。它就像顶着一头乱蓬蓬的白发的老翁。老乐也是我一直很想要拥有的仙人掌，原因无他，就是那为了御寒及防晒而长出来的一头乱发。植物真是奇妙，因为生长在极端气候及困苦环境下，都会采取一些对自己有利的保护措施，以便世世代代存活下去，真是厉害呢。

老乐

Espostoa melanostele ssp. nana

将老乐小苗养在 1 英寸小盆里，也不期望它快快长大，这样小小的也很可爱。由于小苗的根还很少，所以先用小石子固定，等过一阵子根系抓紧土后再移植。

2009-3-18

种多肉也环保——空盒再利用

吃到一种很好吃的男前豆腐（编者注：日本一个著名的豆腐品牌），它的盒子很像缩小版的长方形花盆。突然一个念头就在我脑中闪过：咦！我可以拿来种多肉耶！

因为想买的多肉植物种类很多，买回来的又多是没附花盆的小苗，自己又喜欢将多肉植物做叶插繁殖，这样就需要用到很多小花盆来养它们。如果利用一些空的豆腐盒或果冻盒来种，既环保又可省下买花盆的钱，再多买好几种小苗！所以收集一阵子空盒后，我就会开始将这些本来该丢弃的塑料盒加工利用。

首先，将盒子的底部穿小洞，这样浇水时让多余的水可以流出来；再给盒子上色，这样可以促进偏爱阴暗环境的根系发展（似乎暗色比白色更有促进作用），而且摆在室内窗台上也会比较美观。

到最后我玩上了瘾，连奶精球和冰淇淋的盒子都会拿来做多肉叶插或种种子。虽然我家阳台不大，一小盆一小盆地种也可以种很多种类，冬天要搬进屋里也较方便，真是一举数得！所以现在凡是塑料容器，在丢掉前，我都会先想一想它可以拿来种什么。

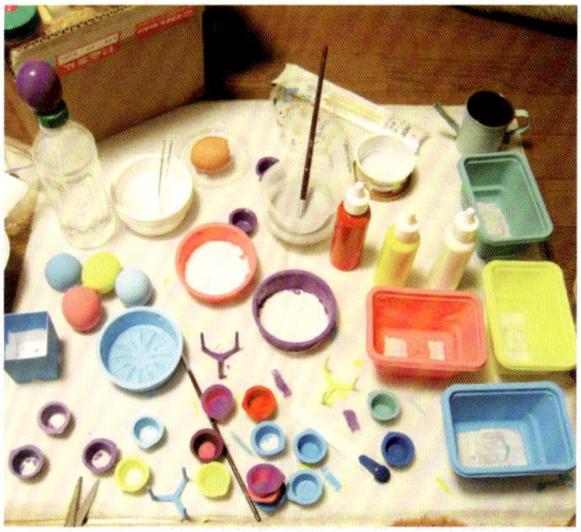

1

2

1. 将收集一阵子的塑料容器进行加工，有奶精球盒、豆腐盒、奶酪盒还有鸡蛋壳。光是替它们穿洞上色也要花好几个小时，不过却玩得很开心。本来上完色想画一些图案在上面，不过我实在没有绘画天分，画出来的东西跟小学生画的没两样，还是算了！
2. 奶精球盒专门用于叶插繁殖小苗。看到多彩的奶精球盒种上可爱的多肉，心情超好啊！

2009-3-20

再添新成员——小水刀、大三色和虎斑

这个月13号去南砂町和新朋友见面，但因约错时间，我提早到了一个小时，所以就先去了Sunamo的园艺区逛逛，自然，我又带回了两株空凤和一株多肉小苗。

今天带回多肉小苗——小水刀。在网上找好久都找不到中文名，因为它和小圆刀同是景天科银波锦属（*Crassula atropurpurea*）的变种，加上名字里有“Water”一词，所以我叫它小水刀。带它回家的原因是看上它那微厚、一片片层叠生长的叶子，叶为肉质，但叶缘部分却薄薄的，还带点红晕，摸起来的触感也很好！深得我心。

1

小水刀

Crassula atropurpurea 'Watermeyeri'

1. 扇形的肉质叶扁扁红红的，叶表还带着细短的白毛。
2. 把它跟其他多肉一起合植在黑色陶盆中。从上方看，像不像一只蝴蝶呢？

2

大三色

Tillandsia juncea

最近迷上这种叶子细细长长的绿叶空凤，它是我继三色花（*Tillandsia tricolor*）和红二色（*Tillandsia juncifolia*）之后买的第三株此种空凤。它是 M 号的苗。我看到 XL 号的好大一把，像大扫把似的，不晓得我能不能把它养成大扫把呢？

虎斑（小天堂）

Tillandsia butzii

当我看到它就好像看到许久不见的朋友一般。2006 年第一次接触空气凤梨时，所买的两株空凤中就有虎斑（另一株是小白毛）。这下子我又可以养它了！它跟小蝴蝶很像，只是叶子没有小蝴蝶那么硬，叶子上还有白色斑纹很漂亮，也许正因此中文名字才叫虎斑吧。空气凤梨如果生长环境良好，便会开始长根以抓紧寄生体。我挑的这株就已经长出两条长长的根了（其他有的没长根），这样我也能确定它是健康的植株了。

爱之蔓

Ceropegia woodii

2 英寸盆的爱之蔓，2008 年 10 月 4 日跟月兔耳一起从 Home Center 带回家的。

2009-3-21

1

1. 寒冷的冬天，我都把它养在室内窗台，有太阳时就拿出去晒一下，所以它一直不停地生长着。可爱的心形叶，就像片片爱心串成长条垂挂着。
2. 爱之蔓开花了！每对叶腋间都可长出一两个花苞来喔。

爱心蔓延的爱之蔓

2

2009-1-13

3

4

5

3. 打算帮爱之蔓换到大一点的新家，脱盆后看到爱之蔓大大的白色块根。
4. 这一小盆刚买回来不久，剪了一段有两对爱之蔓对叶的枝条置于新的盆土上，希望能扦插成功。容器是甜筒冰淇淋杯。
5. 不到两个月，就长出许多小小的爱心叶，好可爱！（扦插爱之蔓枝条时，土表需保持微湿以利根的生长。）

看！不是绿之铃项链，而是绿之铃手环喔！哈哈，看起来很不错。分散一下看世界棒球经典赛的注意力，边看球赛、边玩植物真的没那么紧张了。啊！我的宝贝们，我真的好爱你们啊！

2009-3-24

绿之铃手环

早上爬起来看世界棒球经典赛，一直盯着比赛实在好紧张！不行了啦，连续看了好几场，每次看完比赛整个人都好累，心脏都快无力了。比赛紧张进行中，来找个事情转移一下注意力吧！把目光移向左边窗台上迅速生长的绿之铃，嗯！来给它修剪枝条好了。

找了一串发短根的剪下，看着这根绿之铃枝条，突然想起它有个英文名叫“Green neckless”，我就很好奇地把枝条围在手腕上，刚好绕一圈耶！

绿之铃

Senecio rowleyanus

话说当我剪下绿之铃后，发现触摸绿之铃的手指黏黏的，整根枝条也都是黏黏的，不只是伤口部分，一闻味道很香呢！就像用手去摸迷迭香叶子后，手会粘上迷迭香分泌出来的精油一样。难怪绿之铃的花那么香。今天又有了关于绿之铃的新发现。

比赛结束后，我就把枝条安置在新的盆土中，希望它能快快再长满一盆，可以吊起来欣赏。这个容器是甜筒冰淇淋上半部的塑料透明罩上漆后的再利用。

2009-3-27

遇见日本一处庭院中的巨大黑法师

在回车站路上的一个交叉口，突然眼睛瞄到一旁的巨大黑法师，好大一株啊！看到这么大、这么肥的黑法师，不禁怀疑它到底是不是黑法师了。不过看来看去，它就是黑法师没错啊！这家主人未免太厉害了，不知道它几岁了。想一想我家的黑法师还是 2 英寸盆的小苗，我要努力了！

黑法师

Aeonium arboreum var. atropurpureum (standard form)

这株多头黑法师的茎干好粗，但可惜大概是光照不够，没有晒黑。如果晒得又黑又亮一定超美的！

这花梗腰力很好，伸得那么长，最前头带着好几个小花苞，却不会垂到地面上。

姬玉虫，你细细的手臂到底要伸到哪？

1

2009-3-31

从发现姬玉虫冒出花序到现在又一个月过去了，花还没开，倒是花梗愈伸愈长。我好想问它："你到底要伸多长，要伸到哪儿去啊？要碰壁了啦！"

姬玉虫（水晶殿）

Haworthia cymbiformis var. obtusa

叶片短圆，容易长侧芽。叶子上略透明的地方称为"窗"，一般来说，窗愈大、愈明显、愈透明就愈美。植株宜置于明亮处，但不可置于阳光下直射，也需通风，所以明亮、有足够光线照射及通风的窗边是最适合的地方。水一次浇足，使水流出盆底，然后等土干了以后再浇。夏天容易因天气闷热潮湿而烂掉（也就是花友们所称的"变成果冻"），所以天气闷热时，浇水次数需减少，然后置于通风明亮处。到了冬春时节，会由叶腋间抽出花序，花为白色，约 1cm 大小。

2

1. 已经有一个小花苞冒出来了耶，应该快要开花了吧！
2. 开了第一朵花！算一算从冒出花序到第一个花苞开花，总共历时四十多天，而且开个花还要跑那么远，是要将来的小孩离妈远点的意思吗？呵呵。

刚带回家的模样。红大内玉像只紫红色小怪兽一样，张开的大嘴里还有一对小家伙。

红大内玉脱皮啰！

红大内玉

Lithops optica 'Rubra'

性喜冷，可耐寒至零下 7~8℃，秋冬为成长期，此时需要良好的光照，不需要遮光。春夏为休眠期，需要遮光 30%~40%，置于通风良好的地方让它凉凉快快地度过夏天。如果置于户外，需注意大雨（如梅雨时期），特别是休眠期时更不可一直淋雨，以免腐烂。夏天大约一周两三回以雾吹的方式给水，如果完全断水，根一直吸不到水的话，植株可能会愈变愈小。冬天严寒期时，植株会开始脱皮，植株旧叶的水分会转移至正在生长的新叶中，此时切记不可浇水，不然也会腐烂。

以上为参考日本前辈的经验，我自己的心得是：秋冬不需遮光，让它晒太阳，一开始养时，都是等土干了就给水，后来有次很久都忘了浇水，它的叶子变得超级皱巴巴的，我吓得赶快给它浇水。幸好没过多久它又恢复圆圆的模样了。这时我才体验到这种植物的耐旱性。

2009-4-13

红大内玉是我在总持寺跟多肉植物老前辈买回来的，那时问老前辈它会不会很难养。老前辈说有点难度。本来想放弃，可是看它紫红色的嘴巴张那么大，真的好可爱，难抵心痒最后还是把它带回家了。

回家后努力地上网找要如何才能养好，大部分有经验的肉友都说红大内玉是冬长夏眠型，尤其是冬天严寒期时会脱皮。到了冬天我等啊等，冬天都过了，就是不见它脱皮。正当我快忘了它会脱皮的时候，啊！它的皮竟然变得皱皱的，要脱皮了耶。我要放鞭炮庆祝啰！

1. 发现母株开始变皱变干，本来小小的舌头突然长得好大。
2. 终于脱皮了，母株旧叶里好像还有一个新生儿！耶！期待，不过得忍住不要浇水。

1

2

替仙肉们添购新公寓

2009-4-16

从4月初开始，东京渐渐暖和起来，我也开始把一些之前拿进室内避寒的仙肉们从窗台移到阳台上居住了。东京4月份白天气温大致达20℃，晚上也有10℃以上，所以我几乎将所有的仙肉都移居到阳台了（冬天我都是把它们白天移出去晒太阳，晚上再移进窗台避寒，虽然辛苦却很甜蜜）。

平时我三五天就买一些仙肉，结果，一个秋冬下来，阳台围墙上已经摆满了。每次老公看到总是要念叨一下，不是怪我买太多，而是怪我这样放在围墙上很危险，万一地震或不小心碰到掉下去，可是会砸伤人的。虽然我嘴上都说不会，但其实心里也舍不得让我的宝贝们处于粉身碎骨的危险之中。之所以放在围墙上是因为多肉一定要晒足太阳，放在地上就只能晒到一个多小时。再想想，以我买仙肉的速度，进入夏天我还想种别的植物，这么小的阳台哪够呢？于是上个月底我买了这个铁架，打算来玩叠罗汉啰！

趁这两天太阳高挂的好天气，正好把我的小阳台好好整理一番，帮一些小苗换盆换土，再检查每一盆植物的状况，有枯叶的就拿掉，有徒长的枝就剪下来扦插，就这样花掉我两个下午的时间。整理花花草草，时间过得可真快啊！

就这样，我的仙肉们开始住在四层公寓里，再也不用担心地震来时掉下楼啰。

1

2

1. 整理前。因为阳台只有近 2.5m² 的大小，所以搬进客厅边看电视边整理。
2. 整理后。把一些仙肉换了盆和土，重新放入 A4 大小的置物盒里。
3. 最上层还有一些空间，看来我还可以再买！

3

第三层。

第二层。

放在地上的是一些
不大需要日光直射
的多肉。

帮仙肉新公寓做了一件露背式雨衣

2009-4-18

前几天再次去大创终于找到我要找的透明塑料布了！真棒！我为什么一直非要找到这个塑料布呢？哈哈，又是为了仙肉们啦！

仙肉们的家乡通常是位于气候极端恶劣的干燥地带，如中南美、北欧大陆的山岳地区和澳大利亚沙漠等地。住的环境很少下雨，所以仙肉们才会长出独特的可以储存水分的耐干旱的厚实叶子。也因如此，几乎所有的仙肉都极怕过多的水分而使根部腐烂，有些叶子甚至会因为雨水滴到后再晒到太阳而产生伤痕（叶伤、水伤）。

爱它们如宝的我，怎么舍得让它们因为雨水而毁容或挂掉呢？冬天时放在窗台不用担心下雨这件事，但是春天到了，将它们移居室外后，我必须为它们做些保护措施。

寻觅仙肉公寓的雨衣

在买仙肉们住的新公寓时，我就打算顺便买个透明塑料布来替它做件雨衣。最适合做雨衣的，就属我曾在百元商店买到的 120cm×150 cm、0.1mm 厚的透明塑料布了，因为大小、厚薄刚好，软硬适中，很好折起，便于收纳又不容易弄破，透明度也不错，即使雨天盖着也能接受到足够的光线。

为了买这个透明塑料布，我跑了好多家百元店，刚开始买不到，就只好买了室外洗衣机保护套先将就着用。但是洗衣机的保护套太大，风一吹，像国旗拍打一样，实在太吵了，而且还是不透明的。好在大前天终于找到了便宜又好用的塑料布。

买回家后我花了一整个晚上量尺寸、剪裁、黏合，做出这件让仙肉既能防雨又可通风的露背式雨衣。这样我就不用担心梅雨季和夏天的雷阵雨啰。话说当晚一做好，气象报告就说会下雨，马上可以用到了！我做的露背式雨衣稍宽一些，因为考虑到将来阳台墙上会外挂一些植栽，到时不用怕雨衣“穿”不了。

重新整理变丑的组合盆栽

2009-4-26

去年 11 月初用白色的小瓷器做了一个仙肉组合。因为冬天一直置于室内窗台，所以四个月后，组合里的三株卷绢就徒长得有点不像话。如今子猫之爪的花也枯了，之前丽蛇丸状况不太好，取出来另外休养生息，以至于一小块空间也空着。嗯！是时候来重新整理它们了。

1

2

1. 用子猫之爪、十字星、卷绢和丽蛇丸做了一个简单的仙肉组合。器皿尺寸：5cm x 5cm x 5cm。
2. 卷绢徒长得好高，根都长出来了，整体丑到不行。

3

4

3. 整理后加入组合的新成员有：三色叶、小玉、千兔耳和黑兔耳。旧成员留下的有：子猫之爪和十字星。
4. 又过了四个月后的模样。

好养又易长侧芽的京之华

2009-5-1

之前误会姬玉虫就是胖宝草（达摩宝草）好久，还是肉友热心提醒，我才了解原来胖宝草另有其“肉”。刚开始发现它的时候以为它就是胖宝草了，后来发现还不是。上网查了好久，命名很乱，决定先养一阵子，观察它的生长变化。当时唯一确定的是它跟姬玉虫一样，都是百合科瓦苇属软叶系。

1

2

3

1. 将它换到再生纸育苗杯（洁菲盆）里。
2. 用新相机 T90 的 1cm 微距功能拍的“窗”特写。
3. 刚买回来时，母株旁边有个小侧芽，在换盆时我用 1 英寸迷你盆另外养起来。

京之华

Haworthia cymbiformis var. angustata

养了一年多，发现它真的不是胖宝草，而是经过低温和日照后，叶色能变微红的京之华。京之华比姬玉虫株形要大一些，但一样都是很好照顾的百合科植物，也很能生侧芽，在有良好光线（非直射日照）的环境下就可以长得很漂亮，也会多子多孙。

这盆组合盆栽，是我在回东京开始接触仙肉之后，首次动手尝试的作品。因为才开始收集仙肉，所以能动用到的植物并不多。如今随着收藏的数量愈来愈多，这盆组合盆栽也愈来愈丰富啰！

瓷盆尺寸：直径 9.5 cm，高 8cm。

组盆想法：一开始想要营造荒凉沙漠的感觉，因为那时以种仙人掌为主。这盆组合盆栽最初的成员有神仙堡、神代柱、十字星、卷绢、白乌帽子、精美丸等。其中白乌帽子是从台湾带到北海道，又到巴厘岛，再带到东京的，小小的，一直长不大也不会死，耐受力超强！

1

2009-5-11

神仙眷属的多肉组合

1. 钵底石本意是用来固定刚种下的植株，没想到看起来有岩石的感觉，效果还不错。
2. 因为卷绢长得很快，所以挖出来另外种，而之前剪下一小段绿之铃置于土表，也已扎根长新叶了。
3. 因为整盆都是绿色系，所以加了几枝有粉红色叶子的三色叶点缀一下，原有的十字星和神代柱都长大好多，算是跟着我一起成长的生长型组合盆栽吧！

2

3

萝拉

Echeveria 'Lola'

上图中是刚买回家的模样。

2009-5-13

萝拉生长开花记录

在神奈川的总持寺多肉植物展销会上，跟小林浩先生买了这盆萝拉。买回家不久就发现在萝拉的叶腋间冒出小小的叶子，那时我心想才刚买回来的萝拉要长侧芽了。没想到随着日子一天天过去，这个小东西一天天长大变长，我才惊觉它不是侧芽而是花苞！而刚冒出头的小叶片原来是花梗上的叶子，我没有料到这么快就能看到萝拉开花，真是惊喜呢！

1. 在萝拉的叶腋间冒出小花芽了。
2. 拉出长长的花序，顶端吊着六个小花苞。
3. 萝拉的花开得好含蓄啊，不是全开而是半开，只有略微张嘴的模样。
4. 花期接近尾声！这株萝拉从冒出小花芽开始到第一朵花开历时近三个月，而从花开到第六朵花谢历经近一个半月，好长的花期啊！
5. 养了四年的萝拉小姐长大了，也生了三个小孩喔（有一个还小，藏在叶裙下）。

1

2

3

4

5

从大型家具店买回的半自助式仙人掌小苗在家里住了半年多，看起来都还蛮适应的样子，一个个精神饱满、绿油油的模样看了就令人心情大好。这些仙人掌虽然身上都带着刺，但只要静静地看着它们，欣赏它们特别的造型和漂亮的刺座，就是一件很享受的事情。就像这颗缩玉，带着层层褶子，褶子上还带着刺座，大自然真神奇！

看到这株缩玉马上就爱上那皱皱的模样。仙刺还往上翘，特别又可爱！这株和我在总持寺多肉植物展销会所看见的品种好像不太一样，上网查了一下，发现原来缩玉也分好几种。

2009-5-20

皱皱的仙人掌——缩玉

2009-1-4

冬天把仙人掌小苗们都摆在室内窗台避寒，也方便欣赏。

缩玉

Stenocactus zacatecasensis

初春就把小苗移至室外阳台，但因气温偏低，早晚温差又大，加上白天日照也好，缩玉的褶子染上了红晕，主刺也好红。

叶尖一点红的野玫瑰之精开花了

1

2

3

4

野玫瑰之精

Echeveria mexensis 'Zalagosa'

在秋冬时期叶尖会变红，初春时花序会从叶腋间伸出。栽培多年的植株容易生出子株，呈现群生的形态。
它耐干燥、耐寒冷，但怕高温多湿的环境，如果闷湿又常淋雨或给水，很容易出现烂根情形。夏天宜傍晚再浇水。

1. 刚买回来不久时，可以见到叶腋间有小花芽冒出喔。
2. 跟萝拉一样，本来以为是长侧芽，结果原来是要开花了。
3. 它的花梗、花序和萝拉长得很像，几乎一模一样，只是小了许多。看着小巧玲珑的花苞，不禁对着它一直拍。
4. 花儿的特写。花瓣的外表是蜜桃粉，里面却是粉橘色。

2009-6-8

很喜欢野玫瑰之精，但是买回来后却很少帮它拍照，这是因为某天多肉们在晒太阳时，被“小偷”鸟儿给啄食了。鸟儿大概以为红通通的多肉是果子，所以就下嘴拼命啄。除了野玫瑰之精，还有虹之玉锦、新玉缀、姬胧月等，只要有红红的地方，都被啄了好多洞，看得我好难过。因为我是多么辛勤地每天搬进搬出给它们晒太阳，用心照顾着美美的它们，结果却被啄得好丑。

一直等到野玫瑰之精稍微长大了些，我才将一些被啄的叶子拔下来做叶插。在它养伤期间，我很少帮它拍照，以免看了伤心。直到它的花序长大，我才重新开始给它拍照。

5

6

7

8

5. 它的花期比萝拉要短，还不到一个月，六朵花都开了。
6. 美丽的野玫瑰之精特写。
7. 愈看愈喜欢的野玫瑰之精。花期结束把枯掉的花梗剪掉啰。
8. 三岁的野玫瑰之精开始呈现群生形态了。

看到右边这株松萝头好壮，忍不住就下手了。一束就这么粗一把，在花店看到三株合起来的那一大丛，更是迷人。

把粗叶松萝带回家

2009-6-10

经过地铁商业街的花店时，突然被门把上挂着的一大丛草绿色松萝吸引住了！马上停下脚步走近一看，哇！这一大丛的松萝只要 1050 日元（约合62元人民币），忍不住伸手把它拿下来摸摸、看看，发现这丛松萝的叶子好粗喔，跟我在 2008 年底买的那株松萝粗细差好多！

之前买到松萝时很高兴，但因只看过这间空凤农家所出产的松萝，所以认为松萝粗细都是那样。直到今天看到这丛粗叶松萝，才知道原来松萝的叶子还有这么粗的啊！我兴奋地拿着这一大丛松萝仔细瞧了瞧，原来这是三丛松萝合在一起的，不过就算三丛分开看，每一丛看起来，量还是很多，所以还是开开心心买了一丛回家。

后来查询网络以及网友的解说，才知道松萝也分好几个品种，家里原有的松萝是银叶系细叶松萝，在花店买的松萝则是银叶系粗叶松萝。

松萝

Tillandsia usneoides 'El Circulito'

这株是 2008 年底买回的第一把银叶系细叶松萝，2009 年 2 月拍照时，还很稀疏。

两丛粗细不同的银叶系松萝摆在一起就知道差很多吧！一株看起来像营养不良，一株好壮。

粗叶松萝

Tillandsia usneoides 'El Mejor'

好几天了，外面一直下着雨，害我都不能到阳台跟花草们培养感情。看着桌上摆着上星期六因整理多肉盆栽而摘下的虹之玉锦小侧芽，好吧，找容器来安置它吧！想到之前老公喝罐装咖啡的盖子，又想到之前买的一本书中，作者用铝线弯折出许多可爱的小物，但书买回来后却一直没动手。既然不能到外面陪仙肉，那今天就在屋内玩铝线啰！

材料：铝罐盖子一个、虹之玉锦小侧芽、多肉植物培养土少许、贝壳沙少许、咖啡搅拌匙、铝线一段、剪刀、三秒胶。

虹之玉锦迷你庭院

做法：

1. 瓶盖先放入一半的多肉植物培养土。
2. 将小侧芽们轻轻插入土中。
3. 用咖啡搅拌匙将贝壳沙一点一点铺在最上层。
4. 最后再将做好的铝线小椅子放在上面就完成啰！

2009-6-26

椅子做得有点大，但是我无法想象再折更小的了！
瓶盖大小：直径 3.8 cm，高 1.5cm

心得：

用铝线弯折出小椅子没有我想象中的简单，因为要做迷你版，铝线要用细的，很容易弯折过头，所以得一直调来调去。我大约用了一小时来做这把小椅子，做到最后都快疯了，只好用三秒胶固定一些边缘以防铝线滑动。我想，可能要很久以后才会再挑战下一个铝线小物了吧！

下雨天不能出去玩多肉，但利用一些小道具加上多肉植物特有的扦插特性，在室内也可以享受玩多肉植物的乐趣。后来的虹之玉锦迷你庭院的模样可在 2010-3-31 那一篇笔记的照片 6（P.127）中看到喔！

我最爱的丽蛇丸开花啰！

2009-7-3

丽蛇丸

Gymnocalycium damsii

植物真的很神奇，几何图案的造型可以长得那么匀称。

虽然家里已有一株丽蛇丸，但再看到这株时还是好想再把它带回家，这株比较胖，底部颜色是深紫色，总之它就是很中我意。5 月初，当我在查看仙肉们有没有冒花苞的迹象时，发现这株丽蛇丸二号的刺座好像有个小红点，是花苞吗？怀着期待的心情，几乎每两天就去看它一回，小红点也愈长愈大，果真是花苞！这是我回东京后购入的仙人掌中，第一株要开花给我看的呢！以前虽养过几株仙人掌，但也只有看过白宝丸开花。所以这回丽蛇丸开花算是给我很大的鼓励呢！

1

2

3

1. 靠近生长点的第二圈左上方，冒出好小一个尖尖的花苞头。
2. 小花苞又长大一些，还有三个刺座也有花苞冒出来。四个花苞正在养精蓄锐中。
3. 经过一个半月，其中一个花苞愈长愈大，似乎养分都被它吸收了，其他三个还是小不点，没啥大变化。

4

5

4. 中午在“沾仙惹肉”时发现花苞有点微开，露出里面粉红色的花瓣了。要开花了吗？
5. 整理完阳台，从落地窗看过去，发现花苞开了，才过15分钟而已喔！
6. 全开啰！好快，从微开到全开还不到50分钟。丽蛇丸的花原来是粉红色的，好柔美的“仙花”啊！

6

7

7. 下午3点，我又跑去看它，但花苞已经合起来了。怎么那么害羞，才开不到一小时就又合起来了。突然觉得自己真幸运，开花时间这么短，居然被我注意到了，好感动，上天可能看我这么辛苦地照顾它们，所以给我奖励吧！后来发现原来只要太阳一下山，花苞就会合起来喔！

2009-9-9

空凤小森林——木制网架新家

以前天气冷，我都将空凤们放在窗台，春天天暖后就开始陆续将它们移到阳台去。刚开始我把它们全部放在一个长条形铁篮里，但随着愈买愈多，那个铁篮再也塞不下了。一直考虑要将空凤们绑在阳台栏杆上，但又怕浇水时会影响到楼下，所以一直没有动手好好安置它们。所以当我在百元店逛到这个木制网架时就很开心，终于为我家的空凤们找到一个不错的新家了。

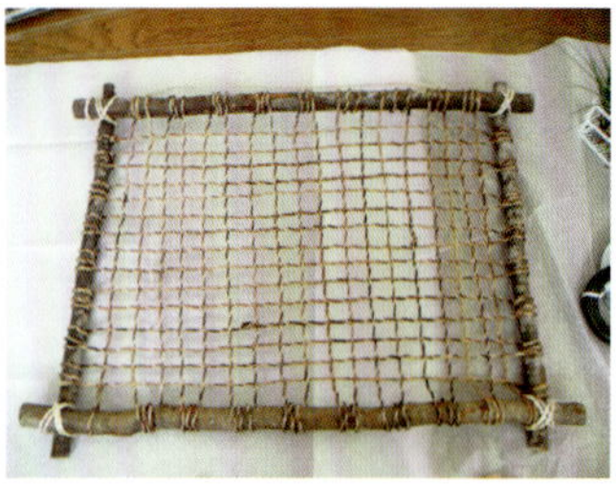

1

2

1. 在百元店买的木制网架，尺寸约 46 cm × 36 cm。
2. 先把所有的空凤摆在上面安排好位子。

4

3

3. 花了一点时间终于把它们通通绑上去，觉得有点单调，又加上一组好朋友小木偶做装饰。
4. 空凤小朋友们住上去后都开始发根了，代表它们对环境适应良好。根并无吸水的作用，纯粹是为了紧紧抓牢寄生物体而长出的器官。

绑完后手指因一直拧铝线弄得很痛，但看着成品却很满足，是不是像个空凤小森林呢？挂在阳台内侧，阳光只会短暂直射 1~2 小时，但光线明亮，通风度也很好。

利用阳台栏杆开辟多肉新空间

这三盆是古紫、姬胧月、大和姬。

网架、挂钩和篮子全是在百元店买的，百元店真的是 DIY 的好帮手。围墙这里的日照时间很长，所以我打算轮换着摆放一些多肉植物，就算真的地震摇掉了，也是摇进阳台内，很安全。

右盆紫月是公公从亲友处得来的，左盆绿之铃是我四处扦插的其中一盆。

2009-9-11

很早之前我的白色花架就已经没有什么空间可以再容纳新成员了。我又爱叶孵多肉小苗，或是通过胴切帮我家的肉肉催生小孩。公公偶尔也会给我一些他从亲友那里得到的多肉，加上白色花架是靠落地窗内侧，所以日照直射时间总是不够长。种种原因让我决定另开个新地方放我的肉肉盆栽。

白色铁网架 + 置物篮的新空间

我家阳台的围墙台面算有点宽度，但老公总是说我放盆栽在上面很危险，我们住四楼，东京又常地震，万一掉下去就很不妙，所以才买了白色花架养仙肉，但看着那么宽的围墙台面，不用还是觉得很可惜。之前在百元店买了一个白色铁网架，本来是要拿它来绑空凤，但后来空凤找到木制网架当新家后，它就被我扔在一边生灰尘去了。现在想到可以把它绑在阳台栏杆上，再挂上一些置物篮就可以再放好几盆了！决定后就开始动手啰。

2009-9-12

姬胧月叶孵成长记录

第一次在书上见到姬胧月就让我好喜欢，拥有之后也一直爱不释手，几乎每天都会去观赏。养它一点都不难，剥落的叶子随处往土上一丢，隔几日就可以见到叶子生出小小的新叶，所以到现在我家的姬胧月小苗已经多到数不清啦！这一盆就是用许多叶子孵出来的小苗养成的姬胧月盆栽。

1

2

3

4

1. 母叶生长点冒出许多姬胧月小苗，即使只是一片叶，也知道要努力生存下去。
2. 大多数母叶都只长出一株小姬胧月，要不就两株，但这片母叶很强，生出了三个小宝宝。
3. 冬天我将它们放在室内窗台，但气温还是很低，所以生长速度缓慢了点。母叶也愈来愈扁了。
4. 窗台的气温稍微升高一些，敏感的植物们马上就察觉到了，生长速度快了许多，母叶也因养分都已被吸光而干缩掉了。

5

姬胧月

Graptopetalum paraguayensis 'Bronz'

5. 这株是姬胧月小宝宝们的老祖宗，叶孵用的叶子就是由它提供的。被太阳晒得红通通的样子真美。
6. 随着日照愈来愈多，小苗们的叶色也愈来愈红了。
7. 用奶精球盒也养了一株，母叶已干枯掉了。

8

6

7

8. 不用加什么，光是数株姬胧月小苗就可以造出一盆很美很有味道的多肉盆栽。经过强光直射和控水，它们会愈来愈红，愈来愈饱满喔!
9. 姬胧月盆栽两年后的模样，乱长的姬胧月也别有一番风味。

9

2009-9-15

根系有虫，帮仙肉们移植换新土

多肉们洗完根后阴干的模样。

从上个月就发现几株仙人掌生长得不是很好，不但颜色变成了淡绿色，体形还有矮缩的迹象。我以为是水给太少，所以给水次数增多，但情况还是不见好转，心想不会是根部有问题吧。后来把其中一株拔起来看根部，土里有白白、粉粉的小点，仔细看还有会移动的小白虫，天啊！

发现根粉介壳虫

上网查后，原来那些小白虫是仙肉的杀手根粉介壳虫，不但难根除还很容易繁殖和复发。它们喜欢生长在干燥的土壤里，靠着吸取仙肉多汁的根部存活，所以不需要常浇水的仙肉盆土，对它们来说最合适不过！而被感染、被吸食汁液的仙肉们就会变得无精打采，缺乏光泽，生长迟缓乃至停顿，严重的甚至会死亡。我再把另外几株拔起来检查，几乎全都感染上这可怕的根粉介壳虫了！天啊，我的仙肉们！

七小时的抗虫之战

我决定先给一批仙肉全部换干净的新土。首先处理仙人掌，把它们连根拔起后，土丢掉，植株根部仔细用清水冲洗干净，修剪细根后，一起浸泡大生水几小时，之后再拿出来阴干。其他多肉植物一样连根拔起，土丢掉，根部仔细用清水冲洗干净，因为它们发根较容易，所以没有浸泡大生水，而是尽量修短根部或者直接将根部整个切除，伤口沾上大生粉防病菌入侵，然后阴干。

处理完一星期后，再将它们植入新盆和干净的新土中。我还特地跑去买仙肉专用土。大约从晚上七点开始动工，一直到凌晨快两点才全部移植换好盆土，外加整理修剪植株，真的好累。换完后终于安心地放下一件心头大事了。

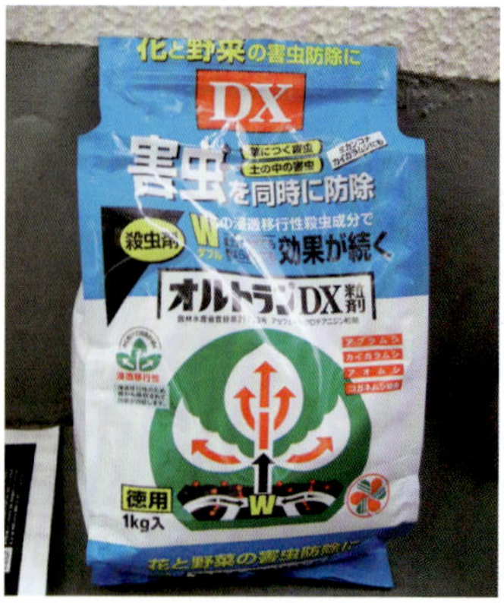

买到消灭介壳虫的救星。

杀虫剂

自从发现土里有根粉介壳虫后，生气又伤心的我便开始找能杀死它们的药剂。皇天不负苦心人，终于在日本仙肉爱好者的网站找到答案。可见不管到哪里，都有仙肉天敌根粉介壳虫的问题。

阴干后重新把它们安置到新的盆土中。

介壳虫有很多种，其中一种叫根粉介壳虫，呈白粉状，住在土里，吸食植物根部汁液，就是我家仙人掌感染到的那种；另一种是普通介壳虫，有很多不同种类，最常见的是白色椭圆形带毛状的，专门躲在植物叶间、叶背上或底部阴暗处吸食汁液，致使植物萎缩，呈现一副营养不良的样子。真是可恶极了！

参考了日本仙肉爱好者提供的资讯，得知可以用一种杀虫剂来解决根粉介壳虫的问题。用法是在种植时混一些到土里，或是撒在植株土表。随着粒剂溶解到土里，植株吸收后，会产生药效（像流着毒血一样），根粉介壳虫吸到植株有毒的汁液就会死亡。我赶快去买了一袋这种杀虫剂，大部分仙肉不但换了新土，还加进了杀虫剂，希望能健健康康生长下去。

由赤玉土、鹿沼土、堆肥、木炭、珍珠石等混合配制的仙肉专用土。

添购仙肉专用土

除了买杀虫剂外，我在去参观自由之丘的一家园艺店时，也买了一包仙肉专用土。在日本的园艺店里通常都可以买到为各种植物所调配的专用土，有兰花专用土、玫瑰专用土，当然受欢迎的仙肉也有专用土。不过诸如此类的专用土，因为已经调好，土里又加了些微肥料，所以价格都很高。像这包才五升的仙肉专用土就要价 714 日元（约合 42 元人民币），但为了我家的仙肉们，还是买了一包回家试试看。

2009-9-17

多肉鸡蛋、小竹篮物语、虹之玉锦沙滩登场啰！

生活里有了多肉植物之后，就喜欢利用一些小物尤其是回收品来装饰种植它们。正好家里的小苗渐渐多了起来，小苗用土也不需多，简简单单准备好容器和少许土，就可以在室内玩起多肉植物的小组合！在阳台玩不够，晚上还要在室内继续玩。

多肉鸡蛋

做料理常用到鸡蛋，蛋壳容量小，刚好可以拿来种多肉小苗，收集也很容易。我打蛋时只打前端三分之一的部分，蛋壳清洗好晾干后就拿来种多肉啰！因为蛋壳小，能装的土也少，浇水后水分很快就能蒸发，所以蛋壳底部我没打洞。

虹之玉和虹之玉锦的侧芽及小苗。

四个半月后的模样。

小竹篮物语

本来是买来装牙签的小竹篮也被我拿来种多肉了。利用多肉叶孵出来的小苗或小侧芽，就可组合出可爱的迷你多肉盆栽。

小竹篮尺寸：
3.2 cmx2.7 cmx3.8 cm
成员：红化妆侧芽、黑兔耳叶插小苗和虹之玉锦侧芽

半年后的模样，因为容器小、土也少，根部伸展空间受到限制，所以小苗们一直维持着小小的体形，可爱极了！

虹之玉锦沙滩

修整多肉植株时，总是会修剪下来一些小侧芽，其中就属虹之玉锦的侧芽最多了。看着可爱的小侧芽，就忍不住手痒， 又想动手帮它找个漂亮的新家。

玻璃容器尺寸： 4.5 cm × 4.5 cm × 4.5 cm
成员： 虹之玉锦侧芽

完全用贝壳沙代替土壤来种植，再加几个小贝壳和黄水晶进去，营造出小小沙滩的感觉。

五个多月后的虹之玉锦沙滩。受到玻璃容器的限制，加上使用了无养分的贝壳沙来种，虹之玉锦只能靠水里微量的养分长大，再加上低温，使得它的叶色变成了荧光粉。

又忍不住心痒手痒地带回新肉肉

2009-10-3

我真的对多肉植物超级没抵抗力了，救命喔！参观完自由之丘的 Buriki no Zyoro 园艺店后，因为那里离 Lazona 很近，所以我们又跑去那边了。一再告诫自己不要再买多肉，但在那里看到特别的肉肉后，就把告诫自己的话完完全全抛到脑后了。明明再买阳台摆不下，冬天到了也根本无法全部把它们搬进室内。结果到最后，还是买了四盆肉肉。回东京后开始买多肉养多肉是在上一个冬天，所以窗台没得摆，还知道节制。春天将它们移到阳台，刚开始阳台空间还很多，所以也就愈买愈多，现在冬天即将来临，我可要伤脑筋了，那么多的多肉，怎么搬进窗台啊？

又跑去 Lazona 买多肉了。左下角店家标的是舞乙女，应该是数珠星。

白牡丹

Graptoveria 'Titubans'

被它白色叶子和胖胖莲座状的模样吸引住了。它是胧月（*Graptopetalum paraguayense*）和静夜（*Echeveria derenbergii*）的交配种。

银箭

Crassula mesembryanthoides

叶上茎上都带有细细的短毛，打算用它来做多肉植物盆栽的搭配成员。

数珠星（烤肉串）

Crassula 'Baby Necklace'

叶子圆嘟嘟串成一串串的好可爱，真的很像肉串。

天使之泪

Sedum treleasei

不知道为啥叫天使之泪。其实叶子并不小巧， 还蛮大蛮鼓饱的，一点都不像泪滴耶！回到家打开车盖，看到天使之泪被关东煮罐头压住了，从袋子里拿出来查看，天使之泪断头了， 成了希莉安之泪……

逛百元店时，看到很可爱的花器，便买了两个。还顺带又买了一株空凤——三色花（*Tillandsia tricolor* var. *melanocrater*）。

多国花的开花记录

2009-10-7

多国花是我养的空凤里第一株开花给我看的！说真的，当初看到叶中心生长点冒出绿绿的花苞头来时，真令我惊喜。心想，咦？怎么会是它先冒花苞呢？它既不是我最早买的，植株也没多大，居然愿意这么快就开花给我看，真是太感动了。

多国花

Tillandsia stricta

这株多国花是 2009 年 4 月 2 日逛百元店时发现的。回家查了一下袋子上的名字，发现多国花分很多种，有银叶系、绿叶系，还分软叶和硬叶。因栽培及开花都很容易（难怪这么快开花给我看），所以在市面上很普遍，很热门。

多国花喜好半日照及湿度高的环境，如果能维持通风及多给水，成长速度会很快。并且会在开花后陆续长出侧芽来，母株加侧芽，很快就会长成一大丛，开花时每一个侧芽都会冒一枝花序出来，很是壮观。

1

2

3

1. 买回家绑上木制网架后不久，叶子就展得很开，不像之前叶子往中心束起。
2. 中心生长点冒出的花苞。
3. 才过六天，花苞已大到伸出来了，花苞片是很淡很柔和的粉红色。

2009-8-28

6

4

2009-8-24

2009-8-25

5

4. 又过了四天，花梗已经长出来往下垂了，生长速度很快，每天变化都很明显。淡粉色的花苞片打开几片， 快开花了吧？

5. 啊！原来整个花苞不是一朵花，而是每片花苞片里都藏着一朵小花，这才知道空气凤梨的花是这样的！

6. 花苞好重喔！开过的花朵会由蓝紫色变为紫色，花苞片的颜色也会由粉红转为淡白，从它冒出花苞到开完花（花朵全变紫）历时约一个月，有很长的赏花期。

7

7. 空气凤梨真的好神奇！没有土，光靠空气和水，就这样吊在空中也可开出这么大、这么美的花儿来。

2009-10-22

多肉被我吃了——石莲生菜沙拉

找到了食用石莲的资料后，我就开始寻找食用石莲的叶片，打算自己培育。找了好久，总算有次去赤坂（Midtown）时，在超市找到那间农场所生产的食用石莲叶。

有天看日本多肉植物博客，看到博主在介绍可食用的胧月，一开始并没有放在心上。直到有次在台湾的花花网站里看到也有很多人在讨论食用石莲。据说石莲很营养，所以我就好奇了起来，开始寻找有关食用石莲的资料，真是个贪吃鬼。

最后找到一间专门培植食用胧月的农场，进农场网站晃了一下，发现原来石莲真的很有营养，是一种对身体很好的可食用多肉植物。食用的部位是肥厚的叶子。

农场网站里介绍石莲含有 20 种以上维生素及矿物质，尤其是含钙量和含镁量非常丰富。三四片石莲叶的含钙量就相当于一杯牛奶，而含镁量是一杯牛奶的 5 倍。

是不是很厉害呢？更厉害的是，它还很好种很好养，因为它本身就属于耐干旱的多肉植物，所以生长环境再差，都会活得很好，也很好繁殖，只要摘下叶片放置于土上，过几天小芽和根就会从母叶的生长点冒出来。

1

2

1. 打算自己培养种植，所以挑了一盒叶上已长出小苗的石莲叶。这一盒有十多片叶，大部分都被我切成丝当生菜沙拉的配料，剩下五片拿来开始培育我家的食用石莲了。
2. 将石莲母叶平铺置于干燥的土壤上，从母叶生长点冒出的小苗愈来愈大。

3

4

5

6

7

8

食用石莲

Graptopetalum paraguayense

3. 冬天的小苗带点粉红色泽。双胞胎小苗的叶子呈立体三角形，好可爱。
4. 叶插经过两个月，母叶开始干枯，养分被小苗吸收光了。
5. 发现食用石莲生长真的很慢，心想可能土太贫瘠了，所以换了野菜用的培养土。结果这一换，生长变快，叶子很快就又厚又肥了。
6、7. 人家是种野菜吃，我种多肉植物也可以拿来吃。终于等到叶片肥美的这一天啰！吃起来口感很赞，不酸不涩，脆脆的，不输给专业种植的哦！
8. 养了两年之后爆盆了。

石莲的营养价值

查了一下台湾食用石莲的资料，似乎好处多多，已成为养生食材了。食用石莲可消除口臭、口苦及便秘，有助于肝肾的新陈代谢。

第一次到自由之丘是参访一间园艺店，店主非常善于种植多肉组合盆栽。那次因为老公没兴趣，并没有多做停留。所以当朋友约我再次到自由之丘逛逛时，我非常开心，终于能见识并感受一下这个有名的杂货圣地了。

自由之丘正如其名，走在那儿的街道上，感觉非常惬意。巷子间的每家店都布置得很悠闲、很温馨，也都有可爱的植物来搭配，看了就很舒服。像这间服饰店，白色的外墙，配上爬藤植物，再放上一把木椅，感觉是不是很舒服呢？

自由之丘的大街小巷中，有很多欧式风格的杂货店，很

走在自由之丘——发现多肉之旅一

2009-10-27

我们的午餐在这间 SODA Café 享用。

用餐的这间店在门外也种了多肉植物，好大一株大雪莲，比我的手掌还大。

1

2

适合喜爱杂货的朋友来逛。另外，最让我惊喜的是，走在自由之丘的街道上，常常会发现美丽的多肉植物，而且植株都生长得非常好，非常强健，看得我心里痒痒的，也想把家里的多肉们养得一样漂亮！喜爱多肉的花友们，如果你们来东京玩，可以到自由之丘走走寻宝喔！相信会发现很多美丽的肉肉。

中午，我们经过一间看起来很不错的小店，朋友来过一次，感觉很好，所以今天我们的午餐就在这间 SODA Café 享用。店内空间看起来不大，却很有私密性，能一边轻松地享受美食，一边和朋友畅快地交流。

1. 又高又壮的唐印，茎非常粗壮。
2. 美发店外的花台里看到好大株的绿法师与高砂之翁。
3. 看植株的大小，这盆绿法师也养了好几年吧！

3

1

2

1. 白色花架顶层的贵宾的住户，这是阳光最好的一区。
2. 古紫、红化妆、静夜玉缀、姬胧月和姬星美人。由小苗种起的多肉组合盆栽，长大不少。
3. 白蔓莲和卧地延命草。
4. 仙人掌状况都不太好，觉得仙人掌比其他多肉还难养。

3

2009-11-5

回台湾前的大点名

2009年11月7日是我打点行囊回台湾的日子，最放心不下的不是老公，而是我的宝贝仙肉。明明知道每次回台湾至少都会有一个月，在这期间我没办法亲自伺候它们，但每次见到美丽可爱又特别的小家伙，总还是忍不住要买下来。

4

这次回去我撒娇地拜托老公帮忙照顾，他知道这些仙肉对我很重要，也知道我有多爱它们，所以也非常爽快地说：“嗯，我知道了。不过你得发仙肉们的照片给我，告诉我什么时候该浇水，如何浇……”只要他肯帮我照顾，要我如何提醒他都可以啦。

回台湾前，为了方便老公区分哪些仙肉该浇水，哪些不用管，我将同一时间需浇水的仙肉摆在一起，并且全部都拍了照，好在回台湾后发邮件提醒他。整理好后，我有点不好意思，因为数量真的很多，对于对花草没兴趣的他来说，可能真的很麻烦。

5

6

7

5. 左盆：组合盆栽。右盆：不死鸟锦。
6. 奶精球盒多肉小苗。
7. 地上的百合科住户。

8

9

10

8. 福兔耳、千兔耳叶插小苗、组合盆栽和覆轮万年草。
9. 绿之铃和爱之蔓。本来只有几根枝条，现在繁殖到土都看不见了。
10. 古紫、胧月和姬胧月。

11 月入冬后气温下降，早晚温差大，意味着多肉们开始要红叶了，有些多肉还开始有了花苞。享受不到这些过程的我，也请老公拍下照片，好让我在回日本之后，比较它们的生长变化，不过希望别成为遗照啊！

子猫之爪开花啰！

2009-11-18

今天起来收信，原来是我的子猫之爪开花啰，老公拍卜后发给我看的！

1

子猫之爪

Cotyledon ladismithiensis 'Konekonotume' / *Cotyledon ladismithiensis* var.

1. 这盆子猫之爪是 2008 年 10 月 22 日在 Home Center 买的，2 英寸盆里有四株小子猫之爪，一株我拿去做组合盆栽，另外三株就一直养在同一个盆里。
2、3. 春天来临，子猫之爪毛茸茸的新叶长出来啰。拿去做组合盆栽的小猫爪过冬时一直待在室内，所以年初就已经开花了。而这一盆一直在室外过冬，所以生长迟缓，直到春夏来临才见到新的小猫爪。
4. 一个月后，子猫之爪新叶愈来愈圆鼓鼓了，叶尖还红红的，可爱极了。
5. 换到 2.5 英寸盆后不久，花苞冒出来啰！
6. 子猫之爪的花苞一个接着一个开了。

2

3

4

5

6

由男主人照顾的仙肉们

1

1、2. 享受着冬阳的多肉们。
3. 子猫之爪开花了（左上橘色花）。
4. 绿之铃好像也长长了。
※ 照片拍摄日：2009-11-18

2009-12-9

2

11 月 7 日回到温暖的台湾，马上开始忙碌的日程。也不知道是不是知道担心也没用，又或者是很放心老公会很认真地帮我照顾宝贝们，所以我只有最初几天才忍着睡眠不足，硬是挤了几分钟发出该浇水的多肉照给他，而他也会时不时告诉我多肉们都很好！

4

3

某天收到邮件好感动，原来是老公把仙肉的近况拍下来发给我看。他还真的记得我说的话，太谢谢他了。

这些照片共拍了两次，一次是11月18日，一次是12月8日，两次的肉肉都有点不同的小变化。感谢老公的用心！

5

5. 冬阳下的空气凤梨，大家看起来似乎都还不错，我比较担心它们。
6. 子猫之爪的花苞愈长愈大、愈长愈多。
7. 叶插快两年的螃蟹兰终于有花苞了，虽然只有一个。这才知道原来从公公那儿拿到的是粉红色花的螃蟹兰。
8. 古紫的花梗伸得又高又直。
※ 照片拍摄日：2009年12月18日

6

7

8

东京雪后的多肉刨冰

1

2010-2-2

1. 雪愈下愈大，停车场已经有人玩起踏雪画“爱心”了。
2. 阳台的肉肉们也有积雪了。
3. 像不像多肉刨冰呢？福兔耳和千兔耳，全被雪盖住了。担心多肉因积雪冻伤叶，所以还是将它们搬进了室内。
4. 红通通的肉肉们看起来好像很冷的样子啊！

今晚东京下雪啰！这是东京今年下的第一场雪，也是东京两年来的第一场大雪。前晚老公跟我说会下雪，我马上看气象资讯，果真气象表上有雪人的图片。

下午出门时开始下雨，或许是身上穿得很暖，不禁怀疑真的会下雪吗。结果到了晚上7点多，跑去阳台看一下，果真下雪了耶！之后我每隔几分钟就跑去阳台看一下，也不管冷，因为真的好久没看到下雪的景色了。

2

3

4

暌违两个月的宝贝们，红了！

2010-2-19

1. 回台湾前，红化妆和静夜玉缀都只有叶尖不明显的微红。
2. 两个月后，惊喜地看见红化妆叶子不但排列紧密，叶缘也更红了！静夜玉缀的叶尖也好粉嫩。

1

2

3. 三大株红化妆是一片母叶生的三胞胎，下面小株的是后来长出的侧枝。
4. 终于把锦之司养到红红肥肥毛茸茸的模样。跟刚买回来时徒长的样子已经完全不一样了。

红化妆

Echeveria 'Victor'

3

4

11 月 7 日回台湾，1 月 12 日才回东京，足足有两个月零五天没有见到我心爱的仙肉了，好想它们啊！进家门放下行李后，第一件事就是跑去阳台看看好久不见的宝贝们，老公也急着秀给我看他照顾的成果，还有点担心地在旁边说：“好像有几株怪怪的。”

一见在阳台上忍着寒冬干冷空气的它们，我不禁直叫：“哇！好美喔！”它们一个个都红叶了，美到不能再美！我从来没看过它们那么红，跟我回台湾前的颜色完全不一样了！老公所说的几株怪怪的，也都没问题，只是红叶改变了外表，叶子不是绿的而已。

锦之司

Echeveria 'Pulv-oliver'

多肉的红叶原来这么美，这是我第一次亲眼见到。去年因为多肉的数量不多，室内窗台还放得下，加上我是新手，不敢随意尝试让它们在寒冷的冬夜下睡觉，每到傍晚就将它们搬回室内，所以几乎一点红叶都没有。

经过夏天移居阳台的安排，加上从书上及网上学到的知识，今年冬天我决定让它们在室外过冬。家里的多肉几乎都可以耐寒到 3~5℃，而且冬天的东京，一整天都是 0℃左右气温的日子也不多，若真是遇到比较长的寒流，再将它们搬进来就好。所以回台湾前，我就相信再看到它们时，一定会是红红美美的样子。现在看果真是呢！还是要感谢老公的照顾。虽然有一两个小奶精球盒只剩下土，但那也是因为被强风刮掉了小苗，不关他的事。

5

古紫

Echeveria affinis

6

螃蟹兰

Schlumbergera truncatus K. Sch.

7

野玫瑰之精

Echeveria mexensis 'Zalagosa'

5. 古紫花序红又亮。
6. 公公给的螃蟹兰花儿一枝独秀，好大一朵。
7. 野玫瑰之精花序冒出来啰！

8

姬玉虫（水晶殿）

Haworthia cymbiformis var. obtusa

9

乙女心

Sedum pachyphyllum

10

8. 满盆的姬玉虫。

9. 红叶的乙女心让我惊讶得啧啧称奇。

10. 花友去年冬天分享给我的卧地延命草，许多枝条都死了，以为没希望了，没想到最后一枝6cm不到的枝条在初春终于长根、发芽。这一盆全是那6cm枝条的功劳。

11. 中间的虹之玉，等着看它红通通的模样很久了。野兔耳叶缘一圈的黑毛也更明显了！

卧地延命草

Plectranthus prostratus

11

11

小水刀

Crassula atropurpurea 'Watermeyeri'

12

11. 小水刀的叶子比刚买回时还要红许多，回台前冒出的花序现在更长了。
12. 十天后发现开了好多小白花。

13. 绿绿的数珠星（烤肉串），旁边的大叶片是正在变红的蝴蝶之舞。
14. 虹之玉锦叶插小苗。母叶本来都是平躺的，因根往土里扎，以至于母叶都往上翘起来了，好有趣！

14

数珠星（烤肉串）

Crassula 'Baby Necklace'

13

虹之玉锦

Sedum rubrotinctum 'Aurora'

冬天寒冷的气候，大多数多肉都会冬眠，不需要常浇水，甚至可断水。但我不敢完全断水，还是交代老公依多肉的需求，定期浇水一次。我想他可能有时忘了，又拖了好几天才浇吧，所以多肉们大多露出缺水后叶子向中心包起的模样。看来我要感谢老公才对，若是我自己，可能舍不得给它们断水那么久，叶子密集的美也就不明显了。**所以结论是：多肉要养到美，有时要狠心一点，冬天少浇水，不给温暖，夏天日晒时要通风。**

新肉进门——达摩月兔耳、水晶、火祭之光和红日伞

红日伞

Echeveria 'Benihigasa'

一直忍到星期一，等老公上班后，我赶紧更衣跟着出门去。结果到了卖场，呜，想要的多肉都没有了！只剩下一株红日伞和其他一些较常见的。带回家一盆红日伞，本以为它跟黑法师同属莲花掌属，上网一查才知道它是拟石莲属的成员。

水晶

Echeveria 'Crystal'

淡绿色的叶子看起来很柔很透，薄薄的叶缘也带有透明感，所以才叫水晶吧。

2010-2-24

达摩月兔耳

Kalanchoe tomentosa f. 'Daruma'

叶子圆厚且宽，跟一般月兔耳细长形的模样不同。叶缘还有红褐色和黑色的点状毛。上网查，原来在日本若多肉名有“达摩”二字，就代表其叶子有圆、短、宽三种特点。

上星期六和老公去 Home Center，走到园艺店观叶植物那里马上就看到有新的多肉啦！“多肉毒”马上在体内流动，但这次老公终于受不了了，不让我再买了，他说家里已经没地方放了，而且有些我已经有了。其实不是，只是在他眼中同种的多肉看起来长得都一样，怎样苦苦哀求、撒娇，他都不让我买。

最后因为我死都不肯离开，他终于让我买了三盆，有一看就爱的达摩月兔耳、名字特别叶子也特别的水晶和有亮粉红色叶缘的火祭之光。结账时还想着明天自个儿再来把其他想要的买回去。

火祭之光

Crassula capitella 'Campfire' f. *variegata*

曾在网上见过，见到本尊果真很美，那亮粉红色的叶缘看了就让人很喜欢。

冬季的幸福窗台

没事就看看窗台，
心情会很好喔。

老公 1999 年在旧金山买的小酒杯，被我拿来种肉肉了。

左上绿之铃是 2008 年 12 月 8 日买的，虽没换过盆土也生长得很好。家里另有四盆绿之铃都是剪它的枝扦插成的，它是家里所有绿之铃的老祖宗。

2010-3-11

今年冬天，并没有特意把仙肉们请进屋内窗台过冬，经过春、夏、秋、冬的洗礼，我想它们应该都很适应户外生活了，要它们进屋住，可能还会嫌空气不流通、阳光不够，然后脸色发绿地徒长给我看吧？

气温下降时，只把不耐 5℃以下气温的空气凤梨和仙人掌移居到窗台，还有几盆装饰用的多肉小盆栽，所以今年的窗台不怎么拥挤啰！

左边鸡蛋壳里，左上方的是虹之玉，其他两株是虹之玉锦；右边鸡蛋壳里是乙女心。

半年前组合的多肉小竹篮和虹之玉锦沙滩，里面的多肉们也长大了。

一篮多肉鸡蛋

2010-3-19

2009-5-15

按顺时针方向依次为：古紫、花叶圆贝草、静夜玉缀、姬星美人和姬胧月。篮子底部先铺一层已泡软的水苔，用意是固定住圆滚滚的鸡蛋壳使它们不会倾倒，也可垫高鸡蛋壳至篮边。

这篮多肉组合其实是2009年5月开始动手搭配的。随着时间推移，它们不停地成长变化，让我享尽了赏玩的乐趣。每每看着它们，总是心情很好，因为它们美丽和健康的模样让我知道，我的用心不是白费的。

在百元店看到这个可爱的铁篮，觉得可以用它盛装多肉鸡蛋，就买回家动手玩组合搭配。当时才刚开始使用鸡蛋壳来种多肉，所以几乎都是用多肉小苗来组合。

1. 花叶圆贝草换成红化妆小苗。
2. 秋天气候凉爽，多肉们都快乐得不得了，成长的速度非常惊人。也许是受限于鸡蛋壳里土不多，静夜玉缀虽然长大很多，但叶子却非常紧密，完全看不见脖子（茎）；姬星美人长到表土都看不到了；古紫双胞胎也快爆壳了！
3. 经过寒冷气候及控水的锻炼，多肉们叶子红了。

2009-6-13 1

2009-11-5 2

3

2010-1-

愈看愈叫人着迷的虹之玉锦

2010-3-31

1. 虹之玉锦小苗叶孵成功。有四片叶都是双胞胎或三胞胎，亮粉红色的小苗直让我大呼不可思议。
2. 这是去年买回家的母株，换盆时，把下叶或者不小心弄掉的叶子放置在干燥的多肉土上，过一阵子，母叶都长出小叶来了。
3. 经过一个冬天，老祖宗虹之玉锦几乎整株都转成粉红色了。

1

2

3

虹之玉锦

Sedum rubrotinctum 'Aurora'

虹之玉锦很会长侧枝，在修剪母株时，将下端的小侧枝随手插在鸡蛋壳里，这样又是一盆可爱的多肉盆栽。

刚接触多肉植物时在一本多肉植物图鉴一书上看到虹之玉，就爱上了图片上它那圆滚滚、红通通的模样，也一直很想拥有。可是到处都见不着它的身影，反而最先遇见虹之玉的锦斑品种——虹之玉锦。而当我看见虹之玉锦那亮粉红色的叶子时也被迷住了。心中惊呼，哇！怎么会有植物的叶色是粉红色的啊 !? 而且叶子还亮晶晶的，叫人愈看愈入迷。

养了没多久就发现它们不但好照顾，也容易繁殖，长大的速度也很快。从一开始的 2 英寸小盆养到现在，我家已到处可见虹之玉锦的身影了。也因为它们容易繁殖、成长，外形可爱，叶色也漂亮，所以非常适合拿来当组合盆栽的一员。即使单品拿来做小盆栽也非常可爱。

4. 从母株身上修剪下来的小侧枝，种在贝壳沙里。
5. 贝壳沙没养分，只靠喝水长大的虹之玉锦红得很夸张。
6. 种在铝罐瓶盖里的虹之玉锦长大长高了。
7. 最开始时的模样。

4

5

8. 把修剪虹之玉和虹之玉锦时掉落的叶片铺在土表，等发根时就可以给一些水，吸了水的母叶又会变回圆滚滚的样子来养育小苗。
9. 虽然是寒冷的冬天，小苗们还是慢慢地靠着母叶的养分长大。而本来都是平躺的母叶，因为根往下抓紧土，所以母叶都往上翘，像被罚站一样！

6

7

8

9

珠圆玉润的虹之玉

1

2

1. 2008年冬天，在室内养着三粒虹之玉母叶，抱着期待的心希望繁殖出更多的虹之玉。小苗未孵出时一直都未曾浇水，直至发根了，小苗也长出来后，才开始偶尔浇一些水。右边两片叶是红化妆叶孵。
2. 左边双胞胎虹之玉的母叶已经萎缩，功成身退啰。
3. 果真天气一暖和，它们又转回绿油油的样子了！
4. 经过近半年成长，愈长愈大。因为西晒阳台只有半日照，虹之玉徒长了。

3

4

2010-4-6

当我第一次在书中见到红通通的虹之玉时，就深深为它着迷了。

书中的虹之玉圆滚饱满，叶面光滑油亮还红通通的，可爱极了！觉得有植物长成这样真是好特别。家中的虹之玉是从三粒母叶开始繁殖起来的。一开始，我就抑制它的生长环境，给它很小的生长空间，所以长得缓慢而小巧玲珑。

5

5. 实在不爱它们徒长的模样，于是我又把它们修剪了一番。胴切后的虹之玉换个可爱的杯子种起来，而修剪下的叶子又拿去另外做叶孵。这时天气开始转凉，虹之玉的叶尖也开始转红了。

6

7

6. 叶尖红通通的模样看起来好可口。

7. 容器为奶精球盒，生长空间小，长出来的虹之玉也超迷你。因空间小，天气寒冷，水分不够，这株虹之玉比其他大株虹之玉更红。

8. 将之前修剪后拿去做叶孵的小苗们扦插进盆里。

8

虹之玉

Sedum rubrotinctum

它耐暑、耐寒性皆强，可忍受零下 2℃的低温。夏天因为是生长期，叶子呈现深绿色，阳光不足很容易徒长。到了秋冬寒冷时，虹之玉的叶子则会开始转红，可以变成极深的暗红色。

似玫瑰般美丽的白蔓莲

1

2010-4-30

想当初，从台湾的家里摘了两小株白蔓莲来日本，转眼间已经换成了这一盆！刚开始种时，很怕白蔓莲开完花就死了，也很担心从母株长出来的小孩会无法发根。如今这些担心多虑全都烟消云散，白蔓莲被我养到像玫瑰般的样子，真是超开心！（其实一半功劳是老公的，因为他忘记浇水……）

2

3

4

1. 从台湾带回的第二株白蔓莲，从大盆移到迷你 1 英寸盆里。
2. 侧芽小手伸出来啰！
3. 找一个宽口浅盆将从台湾带回的第二株母株和另一株小苗种在一起（它们是阿姨和外甥女喔），期待它们长成满满一盆。
4. 八个月后长成这样啰！繁殖成功！

5

5. 回台湾前一天。我尽量都不给它们水喝，加上气温愈来愈低，慢慢从中心长出的叶片就会像卷心菜一样往内包了。

6、7. 在我回台湾的这两个月中，老公应该是都忘了浇水给它们喝。等到我回日本后，乍看之下以为它们全枯死了。剥开枯叶再仔细一瞧，原来只是最外层的叶子枯死了，好险！但也因此意外地让我瞧见它们后来美美的、像玫瑰般的模样。

8. 它们对水分很敏感。气温愈来愈暖，一给水，叶子已经开始往外长了。

6

7

8

白蔓莲

Orostachys iwarenge var. boehmeri

又称子持莲华，还有石莲玫瑰、石玫瑰等称呼，岩莲华的一种。生育期为春、秋两季，喜欢凉爽日照好的环境。

这次的战利品。

姬秋丽（姬愁丽）
Graptopetalum mendozae

女雏
Echeveria 'Mebina'

熊童子锦（白斑）
Cotyledon ladismithiensis f. variegata

静夜
Echeveria derenbergii

看到姬秋丽和熊童子锦（白斑）时我超兴奋的！因为一直很想拥有但都没遇到过。这次不但遇见，而且植株品相好，又健康又廉价，真的觉得很幸运呢！

母亲节快到了，店内有许多多肉组合盆栽的容器上印着康乃馨图案和应景的文字。店外头还有一区专卖单品多肉，我在那挑了快半个小时。

足利花卉公园的多肉卖场

到日本自由行的朋友，有空可以来这里走走喔！

足利花卉公园

http://www.ashikaga.co.jp/cn/index.html

329-4216 栃木县足利市迫间町 607

2010-5-7

5月是紫藤花开的季节。应公婆之邀，老公和我随公婆一起去了离东京车程两小时多的足利花卉公园赏紫藤。在去之前完全没想到会遇见多肉，所以当我在公园里的植物销售区看到好多品种的多肉时，真是惊喜得不得了，马上就自动进入旁若无人、专心挑肉的模式了！

美乐蒂
Sedum mirotteii

外形好可爱。

赤鬼城
Crassula fusca

火祭的近亲品种。

玉之绪
Sedum sieboldii

离开紫藤公园后，又去了足利市旧街逛，在一间杂货店外看见了好大一盆玉之绪。在秋冬时叶子会非常红，随着天气变冷，红叶会掉光，只剩干枯的茎。到了春天，从枯茎靠近土表处会再冒出新叶来。

结满花苞的多肉阳台

1

2

3

1、2. 顶层最佳日照区（我把这里称为日照VIP区）的多肉们享受着春天暖和的阳光。
3. 第二层住着鸡蛋壳和奶精球盒装的多肉。
4. 第三层日照时数较少一些，所以将仙人掌养在这里。

4

2010-5-22

从3月左右开始，许多肉肉都开始有明显的花苞冒出，然后一株接着一株轮流开花。小水刀、萝拉、玉雪、小玉、野玫瑰之精和姬玉虫、京之华等都开花让我欣赏，像是慰劳我一般。虽然早已不是第一次见到多肉花，但我还是会为它们开花而感到惊喜。

十种多肉，十全十美

傍晚趁太阳快下山，阳光不那么灼人，到阳台剪了些多肉小苗组合成了这一盆“十肉十美”。顾名思义，它是由十种多肉植物小苗组合而成的，一圈卷绢包着九种多肉成员，寓意十全十美。

十种多肉，最外围一圈是子株多到爆的卷绢，里面按顺时针方向依序为：
黑兔耳、姬胧月、迷你莲、虹之玉、天使之泪、红稚儿、姬星美人、白花小松、红稚儿（叶尖较红的）、姬玉虫。

2010-7-22

制作方法：

容器是将空玉米罐底部打洞后用白胶粘上法国面包附的牛皮纸袋做成的，最后再配上个可爱的小兔子夹子和瓢虫装饰物。

照顾方式：

因为是剪下扦插的多肉小苗，所以组合好后千万不能浇水，以免还没发根茎就闷烂了。最好等 7~10 天进行第一次给水，给水也只给到六分即可，接下来就等土干再给第二次水。

置放环境一开始宜选半日照，等到植株发根稳定后就可以给全日照了。如果想要置于室内观赏，也别忘记过两三天就要拿出去晒太阳、通风。

丰盛的多肉提篮

2010-8-12

之前做的组合盆栽，容器大多是圆形的，这回来挑战一下长方形浅提篮。

朋友指定要卷绢，加上我家的卷绢都种到爆盆了，所以这次使用大量的卷绢作为主题，然后在卷绢的四周加入一些颜色不同的多肉来布置点缀。

准备的材料：

白色提篮（百元店购得，大小约12cmx7cmx4cm）、水苔、仙肉专用土、尖嘴镊子、牙签和多肉小苗。

使用的多肉：

卷绢、黑兔耳、姬胧月、迷你莲、虹之玉锦、三色叶、森村万年草、爱之蔓、绿之铃

组合步骤：

1. 将浸湿的水苔均匀地铺在篮子底部，水苔间不要有空隙，以防漏土，或者在篮底加块网垫。篮子四周的水苔也要垫高一些，像浅浅的鸟巢一样，目的也是不要让土掉出去。水苔固定好后，在中央铺上少许仙肉专用土。之前单用水苔种过绿之铃和紫月，它们到现在还活着，所以这次土没有放很多。
2. 在土上面覆盖一层水苔并压紧，这样就完成了多肉的新家。

1

2

3

4

3. 在水苔上植入修剪下的多肉小苗时，可以用牙签先在水苔上戳个小洞，就很容易将多肉植上去了。
4. 最后将爱之蔓缠绕在提把上，爱之蔓的一端也要植入水苔中。可以再放上一条绿之铃枝条增加华丽度，当然不放也可以，看起来干净一些，感觉不同。

多肉提篮提到朋友家的窗台了。

2010-8-16

朋友家的锦晃星老丛

在朋友家门口，看到这盆锦晃星老丛，让我嘴巴大张、口水直流。我想它有五年以上了吧，说不定十年？超茂盛的！看它的茎蛇状伸展，这个模样应该很难换土吧！问了朋友，她说从嫁来后这盆锦晃星就这样没动过。所以多肉真的很耐贫瘠的环境耶！

离开朋友家时跟朋友要了一小朵锦晃星回家养在 2 英寸盆里，因为盆小土少，锦晃星长得很慢。

隔年换上了有深度的啤酒罐，成长速度感觉快多了。

锦之司

Echeveria 'Pulv-oliver'

（锦晃星与花司种的杂交种）

锦晃星

Echeveria pulvinata

冬季红叶的模样超迷人，像穿上了红色灯芯绒的礼服一样。前方是锦之司，后方是锦晃星。锦晃星的叶子较厚，叶尖弧度较圆，而锦之司的叶子较薄，叶前端较尖，叶子如剑一般。

走在自由之丘——发现多肉之旅二

2010-8-18

这次来自由之丘和上次来时季节不一样，但一样是个大太阳的好天气。再次来到自由之丘其实没有特地要寻找多肉的踪迹，但走在这里就是那么容易发现它们的身影。

距离上次到自由之丘已经快一年了，因为台湾朋友来玩，所以我又再次来到这个悠闲的小镇。走着走着又到了这片胧月红砖墙了，惊叹地看着长茎弯来绕去的胧月和虹之玉，想想我家的胧月要种多久才能种成这样啊！

美发店外的多肉花台。

连立体招牌架后面也挂着古紫和反叶玉蝶。

经过 SODA Café（上次在这里午餐），门外的多肉依旧美丽。感觉春萌的侧芽好像变多了！

玉之绪

Sedum sieboldii

花店卖的多肉植物——红叶中的玉之绪。

美丽的竹叶公主——覆轮万年草

折了一小段覆轮万年草，但一直忘记种下，等想起时枝条已有点软，我用小碟子装一点水先将枝条泡着，等枝条吸水恢复后再置于土表，因喝饱水加向光性，枝条虽未插入土里，但它却靠自己直挺挺地站了起来！

叶缘圈着一圈白轮的覆轮万年草，尖长的细叶带着白轮还真有点像竹叶。

侧芽从叶腋间一直冒出来，但因养在室内窗台，徒长了。放蛋壳的三脚架，大家猜猜看是什么。答案在本页左下方。

2010-9-10

覆轮万年草因叶缘的那圈白轮而得名，又因为叶子长得像美丽的竹叶，所以在日本它还有一个很好听的名字叫姬笹锦（日语里“笹”是竹叶，“姬”代表公主、女子）。

覆轮万年草

Sedum lineare f. variegata

前阵子把它搬到阳台。当初把徒长的部分剪下来另外种之后，土没换过，水也不常给，所以叶子长得很密集，一年多了还是这么矮小，但叶形变细长了。

剪下徒长枝条扦插成的另外一盆置于阳台栏杆侧，冬天受冷风吹拂和日照直射，所以这盆有很明显的红叶。

支撑蛋壳的三脚架是什么呢?

答案是防止比萨盒盖压到比萨的那个三脚立架哟！将它倒过来用来固定鸡蛋壳，圆圆的多肉鸡蛋壳就不会倾倒了，真是环保又方便呢！

2010-11-29 分离68天，惨不忍睹的多肉

再次回台湾，离开心爱的肉肉们整整68天！今天终于回到家，满怀期待地到阳台看它们，啊！怎么全都一副很缺水、干扁扁的样子？马上转头望向老公，没有给它们水喝吗？老公回答，都给它们喝水了啊！

也不知道是不是因为现在气温正适合肉肉们生长，所以浇的水不够，还是老公骗我，反正这次没有像去年一样漂亮，多肉们看起来渴到极点……或许老公也发现反正再怎样，多肉们都很难渴死的吧！该红叶的，也都变红了。

口渴至极的红通通的肉肉们，仆人我回来了。

比较爱水的绿之铃和爱之蔓就很惨了，干巴巴的模样令人惨不忍睹，原本是圆鼓鼓的绿之铃，也都变扁叶了，叶子也变红了。爱之蔓更惨，许多叶子都干枯了，枝条空空的好凄凉啊！

还好，多肉们都很耐渴，虽然叶子软扁，但至少还活着。只有一些多肉小苗干到缩成一团，我都看不出是什么了。离开多肉两个多月，看出来有些多肉很耐渴耐寒，像大和美尼、虹之玉锦、天使之泪状况都还是很好。

2010-12-2

初冬红『肉』记

红辉炎

Echeveria 'Set-Oliver'

火祭之光

Crassula capitella 'Campfire' f. *variegata*

玉雪

Sedeveria 'Yellow Humbert'

静夜和乙女心的交配种。

野玫瑰之精

Echeveria mexensis 'Zalagosa'

11月底东京白天的气温是10~15℃，晚上通常不到10℃。有朋友问我，现在是冬天，它们还在长吗?

没错，喜爱凉爽干燥气候的肉肉们正在快乐地成长中。而且这样的低气温和强温差，也最适合肉肉们转成红叶。拍照前一天，阳台所有多肉全都被我浇“透”了(就是水浇到流出盆底)。肉肉们就像是干了很久的海绵一样，一下子就吸饱喝足，所以拍照时，大部分多肉都已经恢复光泽和肥厚的模样了。

乙女心

Sedum pachyphyllum

指尖开始染红。

女雏

Echeveria 'Mebina'

静夜

Echeveria derenbergii

红稚儿

Echeveria macdougallii

也会红叶的

花月

Crassula ovata

静夜玉缀

Sedeveria 'Harry Butterfield'

姬胧月锦

Graptopetalum paraguayensis 'Bronz' f. *variegata*

三角立体状的叶子，像极了水蜜桃。

吉娃莲（吉娃娃）

Echeveria chihuahuaensis

像画上红色唇线笔的

红化妆

Echeveria 'Victor'

像果实般，令人超想咬下去的

虹之玉锦

Sedum rubrotinctum 'Aurora'

小水刀

Crassula atropurpurea 'Watermeyeri'

彩云阁

Euphorbia trigona
'African Milk Tree'

红色波浪般的

高砂之翁

Echeveria 'Takasagonookina'

水晶

Echeveria 'Crystal'

肥嘟嘟的

姬胧月

Graptopetalum paraguayensis 'Bronz'

古紫

Echeveria affinis

虹之玉

Sedum rubrotinctum

大和美尼

Echeveria 'Yamatomini'

淡粉红色泪滴的

天使之泪

Sedum treleasei

不是红叶而是黑叶的

黑兔耳

Kalanchoe tomentosa cv.

扑上淡粉色腮红的

玉缀（玉串 / 玉帘）

Sedum morganianum

红爪尖的

子猫之爪

Cotyledon ladismithiensis 'Konekonotume' /
Cotyledon ladismithiensis var.

祇园之舞

Echeveria shaviana 'Truffles'

迷你红洋葱？是油点百合啦！

2010-12-11

去年年中，公公从鹿儿岛姐姐家带回一些多肉植物给我，其中就有一小株刚伸出小花序的油点百合，那时还不晓得名字，也没多大兴趣。但看在它是多肉的分上，还是找了个小角落给它安身立命。

虽然一开始它不是我喜欢的菜，但既然来到我家，我就会好好地待它，所以也时常关心它，结果养着养着愈看愈顺眼，渐渐地也就喜欢上了！

油点百合

Ledebouria socialis

叶上有一点一点不规则的斑点。

某天帮它除掉旁边茂盛的丸叶万年草时，发现它长花苞了。因为这株油点百合大概只有5cm高，所以花序也好小一串。

白绿相间的花瓣向上卷着，露出紫色的雄蕊。吊钟状的花朵，像一串小铃铛似的好可爱。

上网查了一下它的资料，如果给它足够的日照，它圆鼓鼓的球茎会更短、更肥、更红。我把它放在日照时间不长的地上，所以它的茎没有很红。油点百合像洋葱一样会脱皮喔，小侧芽就是包在里面，脱掉外皮后才会开始变胖变圆。(自由了嘛！)

开花了！绿色的小花苞里有着紫色的花蕊，每朵小花大约只有3mm，超迷你的。

2010-12-20

叶色如彩云般的彩云阁

以前很疑惑，我看到的彩云阁都是绿的，但为啥名字中有“彩云”一词呢？从初春养到寒冬后，我终于明白了，原来彩云阁也是可以红得很漂亮的。在它由绿转红的过程中，我见到了它如彩云一般变幻的色泽。

当初看到三个一组的多肉组合盆栽里有我想要的雅乐之舞，花盆也很可爱，便买了一组。彩云阁（左）就这样来到了我家。

彩云阁

Euphorbia trigona 'African Milk Tree'

很多人都以为彩云阁是仙人掌，但其实不是。仙人掌和其他多肉植物的区别并不在于有没有刺，而在于刺座上有没有毛。仙人掌的刺座基部都会有毛絮，而其他多肉植物的刺座则没有。

※ 彩云阁富有白色乳汁，不小心碰触到会造成皮肤发炎或起水泡，误入眼睛会造成严重红肿。如不小心误食则会引起口、喉及胃部不适，并有腹痛、腹泻等症状，所以请大家胴切繁殖时要小心喔！

后来把组合盆栽里的多肉拆分，各种在 2 英寸盆里。彩云阁好久都没什么动静，好一阵子后，原本掉光的叶子才再次长出来。

叶子变红时，身上的白色纹路也转成紫红色。

日系风的新年多肉摆饰

2011-1-2

上个月初去婆婆家时，见到婆婆利用松木枝、松果和多肉，做了一个有着日本新年风格的花饰，拍下来跟大家分享一下日系新年风的布置。婆婆是个花艺老师，以前她大多做一些艺术插花，最近看到她陆续有了一些多肉作品，是受到我的影响了吗？嘿嘿……

1

2

月影

Echeveria elegans

3

森村万年草

Sedum japonicum f.

1、2. 婆婆利用旧作，重新做了一个非常有日本新年风味的花饰，旧作中唯一活下来的月影继续留在上面。

3. 寒冬红叶中的森村万年草，正是我家森村万年草的“生母”。

寒冬替熊掌擦上了指甲油

2011-1-7

熊童子，大概是多肉人都非常喜爱的超诱人多肉吧。自从开始喜爱上多肉植物后，我也想要拥有一盆肥嘟嘟的“熊掌”，看它那毛茸茸的肥掌，疗愈效果一级棒，任谁都会爱上吧！

在我常去的几处卖多肉的地方，很少有熊童子，有时发现了，也是组合盆栽里的一员，要不就是品相不良的。不过，我相信总有一天会遇到我看得上眼的熊童子，所以就这么不急不慢地等着。也许是多肉之神听到了我的心声吧，终于让我遇到心目中完美的熊掌啰！

1

熊童子

Cotyledon ladismithiensis

耐暑性、耐寒性皆弱，不喜高温多湿的气候，夏天是休眠期，最好要控水并且置放于通风良好之处。施肥过多的话，叶子会增大增肥而使得叶缘“手指尖”较不明显，也不容易显色，叶子容易剥落。春秋为生育期，秋天可以用插枝法来繁殖。

1. 这盆3英寸盆的熊童子，茎直挺，叶子生长紧密，熊爪还擦上了指甲油。
2. 新冒出来的小熊掌正在长大，好可爱啊！
3. 对刚出生的小熊掌情有独钟。
4. 冬天替熊掌们擦上了红红的指甲油。

2

3

4

1

2

3

1. 回台湾前拍下来记录用的。后来最前方有月兔耳和静夜的那盒掉下一楼，其余的都卡在围墙栏杆上没事。
2. 趁着天气好，在太阳底下好好地整理仙肉们，顺便晒晒太阳。由于数量多，补土加清理枯叶，总共用了三天才完成八成。
3. 该补土的补土，该换盆的换盆，再来重新组合排列。花架最顶层老公已禁止我再放任何盆栽物品，只有拍照时拿来暂放一下啰！
4. 虽然站了五个多小时很累，但看着它们也心满意足！

2011-4-20

经历“三一一”大地震的多肉们

4

地震时我在台湾，得知日本大地震后，一心挂念着我家的宝贝们。好不容易熬到老公下班回家告知灾情，说有四个 2 英寸小盆，连着装它们的木盒一起掉下阳台了。附近经过的人，帮我把它们捡起来装回去了，放在了一楼。老公下班看到把它们拎回了家，真是谢谢好心人！

至于阳台，真的很神奇！我的四层花架斜倒在围墙的栏杆上，最上面那一层只有装着四个小盆的木盒掉落到一楼，其余两大木箱和另一长条木盒则卡在围墙栏杆边缘。从上数第二层多肉本来也很可能从围墙栏杆中的空当掉下去，结果也卡住没事！好幸运。

阳台唯一的大灾情就是花架倾倒，盆里的土撒得满地都是，还好老公已经补了点土应急，等我回来再好好整理。老公一边通过视频给我看灾情，问我怎么办，一边数落，还好下面没人经过，不然砸到人会受伤的。又提起以前没买花架时，我都直接把木箱和篮子放在围墙上，说我想杀人。至于家里，除了我的一个置物盒从椅子上摔下来，书房的四层书架也倒下外，并无大灾情，真是太幸运了！

新玉缀长好大啰！

把小盆和鸡蛋壳中的肉肉搬进室内整理，该补土的补土，该换壳的换壳。

整理下来，花了我五个多小时，好累。心爱的肉肉整理完了，我的心情也整理好了！

绿意盎然的多肉鸡蛋

朋友说想养卷绢，所以这个蛋壳里全是卷绢啰。卷绢真受欢迎！

千兔耳、子宝草（蕾丝姑娘）、卷绢、虹之玉、虹之玉锦、姬胧月及白花小松。

十二卷及小玉。

铁篮左前方加了小玉，中后方扦插十字星。觉得鸡蛋壳和篮子边缘的空隙好大，感觉空空的，就剪了一小段紫月来点缀一下右前方，整个感觉就不同了。

2011-4-24

这盆多肉鸡蛋组合是我在 2010 年 8 月做给朋友的拜访礼。以鸡蛋壳和从百元店买回的小铁篮为架构，种上绿油油的及带点红色的多肉，看起来很养眼吧。

2011-5-1

从百元店购回新宝贝

昨天为了要买多肉组合盆栽的材料，跑去好久没去的百元店，一开始当然先找找看有没有什么多肉可以带回家当新成员。走到植物区，在架上看到好多长生草属的多肉，约有二十几盆，认真地挑了五种外形我喜欢的，还看到了想要的仙人掌村椒草（左上），虽然品相不好，但因为比较便宜，所以还是带回家了。

柯比

Tillandsia kolbii

鸡毛掸子

Tillandsia tectorum

左边的柯比是再次挑战，之前那株不晓得生了什么病，上天堂了。右边的是第一次见到的鸡毛掸子，好小一株，不过小归小，是双胞胎喔！它摸起来很硬。上网查了一下，发现大都好大一株，白毛很多。一开始我还在想是不是店家标签贴错了，但再仔细看，它真的有刺刺的白毛，只是很稀疏，看来我得努力养它了！

在挑的时候，一直有小黑蝇在飞来飞去，每一盆的土表也都有绿色青苔，为了避免有不良分子混入土里，把病菌传染给我家的宝贝们，所以在放到阳台前，一定要去土并清理枯叶，再让它们泡一夜的大生水冷泉。

隔天中午已经晾干。等它们都变漂亮后再来跟大家见面喔！

母亲节礼物——母鸡带小鸡逛多肉鸡蛋园

2011-5-2

有天下午正在帮肉肉们换盆换土清理枯叶，接到一个电话，原来是平常一起聚餐的朋友问我，可不可以帮她做一盆鸡蛋多肉组合盆栽，想送给婆婆当母亲节礼物。就这样，希莉安开多肉店的梦想都还没达成，客人就先来了。

朋友说，想要跟之前那盆绿意盎然的鸡蛋多肉组合一样的，三颗鸡蛋就够了。挂了电话后，很高兴地跟老公说："我有生意了耶！"不过虽然高兴，但还是有点紧张，毕竟这是我第一个将要卖出的作品，一定要做好！跑了趟百元店找材料，花了几个小时，我的第一件多肉组合盆栽商品终于出炉啰！

最后在蛋糕纸膜外围上一圈缎带，更有礼物的感觉。就这样，我的第一件多肉组合商品完成啰！完成后只觉得好累人啊，开店的人真的很不简单。

这次是用黑色竹篮盛装三颗多肉鸡蛋。黑色的竹篮看起来有点旧，所以在竹篮表面先涂上一层薄薄的水性亮光漆，看起来比较有质感。

本来是想找小鸡造型的夹子，但没找着，只看到了小鸡贴纸，所以就用小鸡贴纸和牙签做出几根可爱的装饰小鸡。

母鸡带小鸡逛多肉鸡蛋园。
因为主题是装在鸟巢里的多肉鸡蛋，所以来几只母鸡带小鸡应景，也正好体现母爱。

看来有只小鸡逛得很高兴。
这颗多肉鸡蛋由十二卷和六株小卷绢组成。

这组的成员有：赤鬼城、森村万年草、银箭、祇园之舞及姬星美人。

这组的成员包括秋丽、姬胧月、千兔耳、月兔耳、天使之泪、森村万年草、虹之玉、虹之玉锦、小玉及姬星美人十种。

三色花

Tillandsia tricolor

1 号同学。

春天，随着气温的上升，宝贝们的花苞一个接着一个，陆陆续续从叶间探出头。每天到阳台看它们总有几分惊喜。从 4 月中旬到现在，数一数冒出花苞的竟多达 26 种，这 26 种里，有第一次出现花苞的，有连续两年都开花的，我想大部分宝贝都已经非常适应我家阳台的环境了吧！

2011-5-5

春天老师到了，有花苞的同学请喊“有”！

虎斑（小天堂）

Tillandsia butzii

2 号同学。

螃蟹兰

Schlumbergera truncatus K. Sch.

4 号同学，花已经开过啰。

三色花

Tillandsia tricolor var. *melanocrater*

3 号同学。许多空凤开花前叶子都会变色，三色花就是其中一种，它的赏花期很长，可从叶子变色算起一直到花凋谢喔。

秋丽（愁丽）

Graptosedum 'Francesco Baldi'

5 号同学。

食用石莲

Graptopetalum paraguagyense

6 号同学。

大和锦

Echeveria purpusorum

7 号同学。上下两张照片差了八天。

萝拉

Echeveria 'Lola'

8 号同学。

野玫瑰之精

Echeveria mexensis 'Zalagosa'

9 号同学。今年跟去年一样都是两串花苞。

重瓣长寿花

Kalanchoe blossfeldiana

10 号同学。

白花小松（碧粒珠 / 米粒花）

Villadia batesii

11 号同学。

水晶

Echeveria 'Crystal'

12 号同学。虽然日本“三一一”地震时它从四楼阳台掉下一楼，并且在我回东京之前一直处于裸根状态，但它还是一样努力地开花。

古紫

Echeveria affinis

14 号同学。它的花梗从 2010 年 8 月到拍照这天都还没开花呢！

虎之卷

Gasteria gracilis 'Baker'

13 号同学。期待它晶莹剔透的甜花蜜。

京之华

Haworthia cymbiformis var. *angustata*

15 号同学。养在 1 英寸盆里。

京之华

Haworthia cymbiformis var. *angustata*

16 号同学。小家伙超会生侧芽。

玉露

Haworthia cooperi
17 号同学。

姬寿锦

Haworthia retusa f. *variegata*
18 号同学。

姬玉虫（水晶殿）

Haworthia cymbiformis var. *obtusa*
19 号同学。

小水刀

Crassula atropurpurea 'Watermeyeri'
20 号同学。

红辉炎

Echeveria 'Set-Oliver'
21 号同学。

胧月

Graptopetalum paraguayense
22 号同学。

初恋

Echeveria 'Huthspinke'
23 号同学。

绯花玉

Gymnocalycium baldianum
24 号同学。

牡丹玉

Gymnocalycium mihanovichii var. *friedrichii*
25 号同学。

千代田之松

Pachyphytum compactum 'Glaucum'
26 号同学。

养了三年还是很迷你的玉缀

2011-5-8

2008 年年底最后只剩下这一粒玉缀母叶了，把它移到 1 英寸盆里养。虽然是在室内，但窗台还是很冷，所以长得很慢很慢。

它长得实在是太慢了，等到叶缘终于碰到 1 英寸盆沿这一天我真的很高兴！这来自热带的玉缀终于适应了我家阳台的四季分明。

过了七个月，终于有细长的叶形了，叶缘碰到木箱边，叶色也因气候转凉，略带红晕。

常看到台湾许多肉友家养的玉缀，不仅长得爆出盆外，枝条还一串一串的往下垂坠，感觉好茂盛，好像很好养的样子。但我家的这 1 英寸盆玉缀，从 2008 年 4 月由巴厘岛带回的母叶开始养，养了三年，还是这么一丁点，似乎永远长不大呢！

来日本后，也许是热带生长的玉缀一下子来到四季分明的温带国家不习惯，母叶好不容易生出的小叶一直长不大，虽然小叶没掉，也一直像木头一样，动也不动。

终于在最近这一年，这串来自热带的玉缀似乎习惯了东京的气候，开始有比较明显的生长变化。

玉缀（玉串 / 玉帘）

Sedum morganianum

这株局限于 1 英寸盆里的玉缀，小巧可爱，盆小水分蒸发快，会因缺水及寒冷而红叶，像擦上了腮红似的粉嫩粉嫩的，这个模样跟静夜玉缀还真有点像。

珠圆玉润的新玉缀

新玉缀（新玉串 / 新玉帘）

Sedum morganianum 'Burrito'

从 Lazona 购物中心刚买回来的迷你模样。

2011-5-11

新玉缀是玉缀的园艺改良品种。它跟玉缀一样是匍匐生长且能呈垂吊状，不同的是它们的叶子长相很不一样，虽都是圆鼓饱满的，但玉缀的叶子较细长且有明显的叶尖，新玉缀的叶子则短且圆，叶前端是圆弧形，无明显叶尖。

我和新玉缀第一次见面是 2008 年 12 月 8 日在 Lazona 购物中心，一见到它那翠绿中微带点粉红的、圆滚滚、紧密生长的叶子，我就给迷住了。一直到现在，还是很喜欢看它那迷你又圆润的叶子，怎么看都看不腻。

1

2

3

4

1. 新玉缀进入夏天就会褪去秋冬粉红的样子，叶子上的白粉，一不小心就很容易擦下来喔！
2. 把五株新玉缀分别拿去做组合盆栽，这两株成长较明显，呈匍匐下垂状。
3. 冷冷的气温，又让新玉缀圆嘟嘟的叶子像冻红的小脸一般，粉扑扑的像一粒粒果子似的，看起来真可口。
4. 有三株跟叶插的赤鬼城和祇园之舞种在一起，小小空间也可以长得很好。

在奈良古街遇见美丽的黑法师

2011-5-13

每一朵黑法师其实都不大，都不超过我的手掌大小，但很多聚在一起好美啊！

黑法师

Aeonium arboreum var. atropurpureum (standard form)

真高兴能遇到这盆让我连连喊美的黑法师，让我有很棒的视觉享受。

走在奈良古街，除了欣赏古朴的传统建筑外，我也好奇地看着四周的住户及店家门前的盆栽、花圃，希望能看到令我欢喜的多肉植物。当走到这户人家旁边时，双眼被这盆茂盛的多头黑法师给吸引住了，眼睛再也移不开，脚步也无法再往前迈出。

话说我家的黑法师在我回东京后，中心生长点已长不出新叶，我就将它“砍头”了。目前木质化的茎干正努力长出透明状的小芽，希望它们能顺利长大！

叶尖透红、温柔婉约的静夜

2011-5-15

静夜，又叫白莲华，原产于墨西哥，属于小型群生种，它很会长侧芽，叶片繁殖成功率也很高，它的叶色呈嫩绿色，肉厚，表面带着白粉。静夜对于日照需求很高，日照不足或过多水分很容易徒长。我家的静夜很可惜，在还没有开始长侧芽群生前就惨遭日本“三一一”大地震及老公大脚的“迫害”。

静夜

Echeveria derenbergii

在足利花卉公园购入的 2 英寸盆的静夜。这时的静夜还是小孩子，叶子不是很密很多，但有小孩子的可爱。

离开它两个半月后它变成一副很渴、很刻苦生存的样子。缺水的静夜为了储存养分，把自己包得紧紧的却见不着枯叶。拍完照后赶紧喂它喝水。

炎热的夏天，静夜虽然长大不少，但叶尖的红点点不见了。

锵锵，叶片又变肥了，神奇吧！喝了水才两天就肥了。所谓变胖容易减肥难就是这样子吧！它已经变成大女孩了，叶片多又密，每个叶尖都带有一点透透的红点，就像个温柔婉约的多肉美人。

喝水四天后，叶子似乎更饱了，且逐渐向外散开。

再次回台湾两个月，这期间我的静夜美女却在“三一一”大摇之下，从四楼阳台掉落到一楼。这样也就算了，还被摸黑寻找它的老公不小心一脚踩下去！所以它成了下面图中那副模样了。

不过不能怪老公，本来木盒里有四盆肉肉一起掉下一楼，好心人帮我把肉肉们捡起来放回木盒里，但唯独不见它。老公在黑暗中寻找时不小心踩到它的。他说，踩到时，他心里也“啊”了一声！

静夜美女虽然被踩得很惨，但它发挥了求生的本能。老公捡回家后一直到4月中旬我回日本前它都没有土和水，但还是在下叶腋间长出了三四个小侧芽，这么厉害的求生能力，也是让我着迷的原因之一！

叶子伤得很重，轻轻一碰，许多叶子马上剥落下来。

中心生长点已经可以看到有新叶生出来，3个小侧芽也另外种植了。

这是半年后的照片了。大家可以看到，静夜美女努力地休养生息，半年后又变回美丽可人的模样了！

2011-5-17

前面几篇介绍了玉缀和静夜，那它们俩所生的小孩呢？没错，多肉植物也常有异国恋情。当静夜碰上了玉缀，生出来的小孩就是静夜玉缀啰！

静夜玉缀是静夜和玉缀交配所产生的园艺品种。它有个英文名叫Super Burro's Tail，意思是超级驴尾巴，是指它长而粗的模样像驴尾巴的尾端。上网找了一下驴子照片做对照，如果养成长串的或徒长，那还可以想象一下，但我家的真是一点都不像驴尾巴哪！

静夜玉缀的母叶发出粉红色的根，张牙舞爪地想要紧紧地抓住土。

母叶非常耐伸缩，土干没水喝时，明显变皱变软，一给水马上又吸饱喝足直挺挺的了。

超引人注目的静夜玉缀

用来交配的“双亲”之一的玉缀小苗长得超慢，交配出的静夜玉缀成长速度却很快，这点应该是遗传自静夜。

觉得它长得很快，想把它换到鸡蛋壳里当多肉组合盆栽的一员。请看，奶精球盒的土和空间只有那么一点点，却阻挡不了它的生长态势。

移到鸡蛋壳一个月，叶子已到达蛋壳边了，叶色在夏天非常翠绿。

新叶嫩嫩的，呈黄绿色，叶尖像扑上了腮红，好可爱。叶子饱满，紧密生长，吸睛指数飙升！

随着天气变凉，叶尖开始微红了。

经过寒冬，变红的叶尖像是小孩冻红的双颊。

静夜玉缀

Sedeveria 'Harry Butterfield'

静夜玉缀分株记录——跟用了两年的蛋壳说再见

2011-5-18

今年初春看着愈长愈高大的静夜玉缀，还有从最下端冒出的三株小侧芽，心想来帮它们换盆吧！换大一点的盆，看它会如何变化，叶子更大？株形更高？侧芽更多？对它接下来的生长，还真的蛮好奇的。

静夜玉缀生长能力真的很好，虽然蛋壳空间小，土也很少，但最下端还生出三个侧芽，而且侧芽还长大到撑破蛋壳，是时候帮它们换新家啰。

从铁篮里拿出来，静夜玉缀已经是鸡蛋壳两倍大了，真惊人！很明显头重脚轻。

静夜玉缀

Sedeveria 'Harry Butterfield'

侧芽撑裂了使用两年的蛋壳。

你看，两年赖以维生的土就只有这么一点点，蛋壳及土的使用时间为 :2009 年 5 月 15 日至 2011 年 4 月 28 日。另外，我不怎么施肥，只有第一年给了两次较稀的稀释液肥。第二年更是放着不管，土干了，或叶皱了，想到该喂食了才给水。

最下方的咖啡色是蛋白膜粘住土了。用蛋壳种小苗就是有这好处，蛋壳容易剥下来，要换盆时很好处理。

用手指稍微用力搓揉根系缠绕的土包，因为土完全干燥，所以可以清理得很干净。

两个侧芽中间有一根较长的叶子（画圈处），那就是它们的母叶喔，真神奇。两年半下来，母叶不但没萎缩干枯，还照样生存着。我想母叶对长大的静夜玉缀早已没用处，只是单纯地吸水活下去而已。

决定要剥下右边那株侧芽另外种，图中已剥裂一半。

给剥下侧芽后的伤口涂上大生粉以防细菌侵入。

替静夜玉缀换好新家啰！期待它们接下来的生长变化（新家——2.5 英寸盆）。

剥下的侧芽，用新的鸡蛋壳养着。

多肉提篮，拍下美图比一比

2011-5-19

爱上多肉后，对记录多肉们的成长变化有着难以自拔的着迷，也因此喜欢拿着相机对着肉肉们不停地拍照，这已经变成了我每天必做的一件事。原来的相机（T90）已经表现得非常好了，但现在很好奇新型的单反相机拍出的多肉会是何种效果。

挑选了许久终于把新相机（GF2）带回了家。隔天我拿着剪刀剪了一些多肉侧芽及小苗，想让它们来当我的模特儿，剪下侧芽后就放进从百元店买回的提篮，组了个临时的多肉组合。这样一来我就有了测试相机的模特儿啰！

专为测试新相机而剪下的多肉小苗美模们，一共二十六位。

之前对单反相机一点概念都没有，使用次数大概用五个指头数还嫌多，都是拿朋友的试拍几下。这次的测试还是以全自动模式为主，我只负责按下快门就是了！

测试拍摄结果出炉：
左下图是老相机拍的，上面的图是新相机拍的，都是全自动模式，不过单反相机能轻松拍出景深的感觉，这点还蛮满意的！

老相机不能拍出明显的景深效果，但却可以拍出 1cm 的微距，我还是很爱它的。

2011-5-22

春天是肉肉搬家换盆的好时节

多肉喜欢凉爽，生长时期大多也是在凉爽的季节，因此换盘换土最好的时机就是春秋两季。除了春秋这两季以外我都不会去打扰它们，以免它们热到虚脱而死，或是冷得不想动而停止生长。

阳台上的仙肉住户愈来愈多，不花好几天是整理不完的，还好今年东京的春天似乎来得暖一些、长一些，让我有充足的时间到阳台好好替大伙轮流换新家。这星期连续三天是好天气，我就天天从中午开始待在阳台跟肉肉们谈情说爱一直到傍晚。

玉米吃完铁罐不要丢，留下来种多肉，怎么种怎么好看喔！

火祭之光

Crassula capitella 'Campfire'f. variegata

买回家后一直没有帮它换盆土。因为天气暖，又把它放到花架第二层阳光稍弱之处，中心的新叶已经有点徒长了。

虹之玉锦

Sedum rubrotinctum 'Aurora'

这株虹之玉锦是从一盆已长乱的多肉组合盆栽里移出来的，本来要胴切，但觉得它努力生长了这么久，侧芽也不少，整体株形也很好看，就整株将它移出种在玉米罐里，不砍它了。

虹之玉

Sedum rubrotinctum

这三株虹之玉也是从另一盆已长乱的多肉组合盆栽里移出来的，株形已不是很漂亮，尤其是最大株的因为长得很高，头又很重，所以显得有些弯腰驼背。胴切后重新种，种在一旁的是白花小松。

2011 年 5 月 24 日去 Home Center 采购日用品时，在园艺区遇见了一群可爱的绿之铃锦，难得见到粒粒饱满、价格又亲民的绿之铃锦，高兴地挑了盆满意地带回家。

绿之铃锦

Senecio rowleyanus f. *variegata*

绿之铃的锦斑品种。它的叶绿素较少，没有绿之铃那么好照顾，生长速度也慢了许多。因为生长缓慢所以也不宜给予过多的水分，以免烂根烂叶。即使是旺盛的生长期也最好是土干再给水。环境也要跟绿之铃一样，避免日光直射，放置于明亮且通风良好之处。

2011-5-24

家有新成员——温润如玉的绿之铃锦

绿之铃锦，像白翠玉珠圈在一起似的，最前端的嫩叶光滑圆亮，怎能叫人不心动?

如果说绿之铃是绿翡翠，那绿之铃锦就如温润的白翠玉珠，白中带绿、温温润润。上网查了一下绿之铃锦，看到有位肉友形容它像是零食翠果子，让我大笑出来，那绿之铃不就是香香豆了!

低温下刚出生的小嫩叶会呈现紫粉色，非常可爱!

擦粉红指甲油的熊童子锦（白斑）

北极熊像白翠玉似的，这逐渐长大的白嫩小熊掌令人想多多呵护。

在足利花卉公园遇见了可爱的熊童子锦（白斑），熊爪上全都涂上了粉红色的指甲油，像个年轻有活力的小熊。

2011-5-26

去年在足利花卉公园遇到传闻中的熊童子锦（白斑），看到那嫩翠绿混着白色锦斑，外加粉红爪尖的肥熊掌，差点当场尖叫出来！看到它的本尊便了解为什么它那么受人爱戴了。

1

1. 去年九月回台湾两个半月，再回来时，它们落了好多大叶，没掉的叶子也都软软的。给水后几天，又恢复精神饱满的样子了。
2. 本来还看得见盆土，现在差不多都被白斑熊掌遮住了。
3. 熊童子擦的是红色指甲油，我家熊童子锦（白斑）的小熊爪擦的可是粉红色的指甲油。

2

3

熊童子锦（白斑）

Cotyledon ladismithiensis f. *variegata*

跟熊童子一样，熊童子锦（白斑）的叶子肥嘟嘟的，只是叶色更为翠绿并带着白色斑纹，叶尖（熊爪）在长期低温并经充足的日照后会呈现粉红色，看起来比擦着红指甲油的熊童子感觉要年轻得多，它还有一个很可爱的绰号叫北极熊喔！

绿之铃宜选择凉爽时节来扦插。扦插时枝条平放于土上（无须插入土中），可用铝线折成U形后倒放固定枝条于土上。土表可以润湿，但不要过湿以免气温突高时造成烂茎。

2011-5-27

绿之铃满两岁生长记录

绿之铃，通常爱肉人一定很爱它，非爱肉人也一定会对它一见钟情，而且当非爱肉人碰上绿之铃后，过不了多久，往往会因为绿之铃而成为爱肉人，绿之铃就是有这种本事！

在我还不知道植物里还有多肉类时，就已对绿之铃产生爱意，觉得世上怎么会有这么可爱的植物，叶子如小绿珠一样圆滚滚地串成一串串垂挂下来，真像绿珠帘。

把它带回家后发现家里的环境还蛮适合它生长，就开始剪它的枝条繁殖另一盆。当身无“肉毒”的朋友到家中见到绿之铃时，也直喊它好可爱，所以我也很爱扦插绿之铃给喜爱它的朋友，让大家中一下“肉毒”，家里繁殖扦插的数量自己也记不清了。绿之铃还真的是天生带着“肉毒”，人见人爱，让人无法抗拒啊！

东京4月还很冷，但气温稍微一升高到15℃左右后，绿之铃的根开始往土里深扎，原本无光泽的叶子也因喝到水而变得圆亮。

绿之铃

Senecio rowleyanus

绿之铃原生地为非洲西南部纳米比亚沙漠地区，当地环境干旱，所以叶片进化演变成具有储水能力的圆珠。绿之铃本身就生长在干燥凉爽的环境里，一旦给予过多的水分，加上天气闷热不通风，很容易造成它的伤亡。在夏天，绿之铃适合土干几天后再给水，置放于通风良好的环境并避免日光直射，在秋冬生长期时可以在土干时给水。

绿之铃性喜凉爽，夏天最怕闷热潮湿，台湾夏天即是如此，东京也是。不过2009年这一年东京气候很怪，夏天特别短，才八月中就已经变凉，也因如此，这年的夏天，绿之铃的一颗颗青豆状的叶子不断地冒出来。

绿之铃摆放的位置在花架最下层，光线良好，日照顶多直射一小时。旁边同时扦插的爱之蔓长得比绿之铃快，花也开了不少。

啊哈！绿之铃的枝条终于跨越盆沿啰。当初扦插时，土只装了八分满，所以土表离盆口约有 3.5 cm，如今全都覆盖了。

天气开始凉爽后我就常给绿之铃喝水，一个月后，更多枝条跨出盆口了。

扦插七个月后，已看不见土表了，而且发现有小花苞！

扦插这盆实在很有成就感，尤其是花苞一直不断冒出来，九朵齐发，都在盛开中。

花已开得差不多了，这盆绿之铃也快满一岁啰(2008 年 4 月 8 日 扦插)!

朋友很喜欢绿之铃，我用玉米罐扦插了一份打算送给她。

用法国面包附的牛皮纸包装一下，再绑上麻绳，就很有杂货风了。

两个半月后从台湾回来，见到又渴又冷的惨兮兮的绿之铃，叶子不但凹扁，还发红，这跟去年同时期绿油油的样子差很多啊！土壤里的养分已吃了一年，加上老公今年给水不勤，成了这副可怜相!

像不像一盆倾泻中的绿豌豆?

给水后几天，叶子很明显地恢复圆鼓鼓的模样了。叶子的伸缩性真好!

星光灿烂的肉“星星”

2011-5-29

2011 年 1 月 19 日 这天一下子遇见了三种“星”，边挑还边喊：“哇！好多星星喔！”明明再过没多久就要回台湾，还是忍不住一下挑了五盆。除了爱星、姬星和尘星三种星外，还挑了银月跟爱染锦一起回家，这下有星也有月了。其实这天是老公生日，结果是我最开心。

说实在的，最早我对十字星这一类的没有什么特别的感觉。最早买时，也只是因为那时刚接触多肉植物，看到了就收集下来。而当我看到了肥嘟嘟的数珠星和超迷你的姬星后，就马上对这种对叶生长、一层一层向上堆叠的多肉陷入了爱恋。

爱星

Crassula rupestris f.

肉质肥厚的星类，饱满的三角形叶子显得很立体，在凉爽的秋冬经过日照后会呈现红通通的可爱模样，天气愈冷它愈红喔！

尘星（星眉）

Crassula 'Star Dust'

薄叶又带白斑的尘星让我眼睛一亮，不用考虑就决定带它回家！叶上的白斑比例很大，也比南十字星类的白斑更为明显，所以整株看起来就很闪亮，难怪会被取名为尘星。尘星白斑部分的叶缘较薄，所以夏日日照太强的话很容易烧伤，要记得遮光。

姬星（小米星）

Crassula 'Tom Thumb'

我一直很喜欢姬星，非常惊讶于它的迷你小巧。初见它时，让我开始对星星类有点感觉了。可以说它是让我对十字星类开始改观的转折点吧！2 英寸盆里的姬星特写看起来好像很大，其实它可是很迷你的喔，一个三角叶还不到 1cm 呢！

碍于阳台空间小，一盆一盆单独养有点浪费空间。既然它们都是“星”，那就种满满的一盆“星星”吧！除了这天买的三种星外，另外还多加了十字星和数珠星进来。它们都是亲戚，不是姐妹就是母女喔。

2011-5-31

初冬的气候对卷绢来说一点都不算冷，看它快乐地喝水生长就明白了！

2009 年 1 月 30 日公婆从青森带给我的卷绢妈妈。

春天到了，也是卷绢生出小宝宝的季节到了。价格超便宜的小卷绢已经开始长出属于它自己的小宝宝了。

从小子株开始养到爆盆的卷绢

2008 年公婆旅行青森时带回来给我的伴手礼卷绢，交给我后没多久我就回湾台探亲了。等我两个月后我从台湾回来时，看到卷绢妈妈裙下已经生出许多的小卷绢。我把这些小卷绢宝宝全都剪了下来，有的拿去做多肉组合盆栽，有的就另外拿盆种。如今这些小卷绢也都开始当妈，自己也生出好多卷绢宝宝了。

虽然已是春天，但早晚的低温让卷绢的丝愈吐愈多，目的是把新长出的嫩叶包起来御寒。

卷绢

Sempervivium arachnoideum

原生于欧洲中南部的高原及山地，可忍受零下 15℃的气候，低温的冬天对它来说是适合生长的季节。新生的叶会带着一圈一圈的白丝，把自己圈起来。到了夏天气温高过它的生长适温时开始休眠，叶片包合时植株停止生长，此时切记勿给予过多水分，一个月一两次少量水即可，否则很容易烂根。当气温超过 30℃要置于阴凉处，否则会中暑虚弱。每年春天，卷绢会于叶腋间伸出许多小卷绢，然后以大片群生的姿态四处生长。秋天母株会于中心生长点抽出花苞，开花后母株即枯死，但周围生出的小卷绢会着地发根继续扮演传宗接代的角色。

温暖的春天，卷绢的子株努力伸长，一下子就快长满盆了。数一数，一个春天就长了 20 朵小子株。

天气一冷，中心又开始吐白丝了。已经分不出来哪些是母株，哪些是子株了。

这盆爆到不能再爆的卷绢，让我了解到卷绢恐怖的生长能力。抢不到盆里好位置的小卷绢，茎只好愈长愈长，往外另寻别处好落地生根。阳台还有另一大盆卷绢，所以每当要做多肉组合，就从这盆豆腐块状的卷绢下手，真感谢它。

雨天里的多肉组合。真想每天坐在木椅上喝着热咖啡，看着窗外的雨和室内美丽的多肉。真不敢想象，生活中若没了它们，将会是多么无聊。

2011-6-5

上个星期，受飓风外围环流影响，东京雨下个不停。飓风还没来就开始下，连下了三四天，不能去阳台玩多肉，好闷啊！好在我在下雨之前，就剪了许多小苗和侧芽，也刚好在百元店买到简单素雅的素烧钵。下雨天不能到阳台和多肉们谈情说爱，那就在室内组合多肉盆栽吧。

雨天里的多肉组合

在天气转晴前，就先让我和它们做最后的道别吧。

剪下这些肉肉小苗和侧芽，是打算等天气转晴后寄给一位住仙台的朋友，因为“三一一”大地震的关系，她心情大受影响，希望她收到多肉后，能从中获得快乐。

红色波浪——高砂之翁

2011-6-10

刚带回家的高砂之翁住在3英寸盆里，叶数不多。

它的大叶片一直撞到别盆的肉肉，所以帮它换个不会打扰别人的地方。高砂之翁是夏季生长的多肉，波浪叶一片片冒出来，一下增加好多。

把它换到日照很多的围墙上，红叶速度就很快。这是低温、限水加日照的成果！

中心生长点不断冒出新波浪，正所谓一波未平一波又起。

高砂之翁，是我最喜爱的多肉之一，它的体形比其他多肉要大。从 2009 年 4 月 8 日开始带它回家后，我几乎每一两个月就会帮它拍照记录一次，是因为它那晒得殷红的波浪叶，一直这么吸引我。

大部分多肉都必须在低温、日照足、温差大及控水环境下才会出现美丽的红叶，高砂之翁也不例外。夏季生长期时的叶色虽然会比较淡，但只要日照够，波浪般的红叶缘还是能出现。到了秋季凉爽季节，给它充足的日照并适当控水，它会红得更美，让你陶醉在那片片红波浪之中。

它对日照的敏感度很高，只要几天不给它太阳晒，叶子退红转绿的速度就很快。我常帮它换位置，换完没多久，它就会以红色或绿色波浪叶来告诉我阳台哪里日照好，简直是测光仪。

天气变暖，新叶开始向外打开，走在阳台上几乎每次都会碰到，还好叶子蛮硬的，没有任何损伤。不管从哪个角度看，它都好美喔！

高砂之翁

Echeveria 'Takasagonookina'

2011-6-14

顶着一把红火焰的绯花玉

绯花玉开花了！生平第一次见到这么美的红色“仙花”，像一把燃烧的熊熊火焰。

刚开始养它时，就有前辈跟我说绯花玉会开红色的花，很美。但我从来没想到它的红花是这么美，好庆幸买下它。后来得知绯花玉也有白色与淡粉色的花，外表都一样，所以想买红花的朋友要碰碰运气了。

绯花玉

Gymnocalycium baldianum

绯花玉花苞生长的速度比其他仙人掌花苞快很多。绯花玉的花会随着太阳而开合，有太阳就打开，没太阳就慢慢合上了。

到自由之丘拜访园艺店 Green Café

2011-6-15

通过朋友介绍，得知这间位于自由之丘的园艺店 Green Café 不但卖多肉植物，也开设多肉组合盆栽的教学课程，好奇的我搭着电车再度来寻宝。

Green Café 在自由之丘学园路旁的小路上，店外的庭院摆满了各具特色的多肉组合作品。

到了 Green Café，看到店外的露天庭院中摆放了很多多肉组合课程的作品。各式各样的组合作品运用了多种万年草，每个作品看起来都很有创意，整个花店布置得也很巧妙。走进店内，向店主表明了想把这里介绍给台湾多肉爱好者的心意，也得到店主的允许，尽情地拍了不少漂亮的作品来跟大家分享。

每一个作品中都看得到好种的万年草，它对环境要求不严格，真是组合盆栽的好材料。

这两张图中的多肉是假的喔！一开始以为是真的，近看才发现原来是塑料做的啊！

通往教室的楼梯间也摆了好多多肉。

好喜欢这个看起来像火山岩石的容器。

院内像这样满满一盆的薄雪万年草也很多，不晓得是不是主人特别爱它。

卷绢阿妈开花了！

2011-6-22

印象中，公婆刚把它交给我时，整株包覆着白丝絮，但大概夏天热加上我水给太多，后来长出来的叶子绢丝就很少了。卷绢品种有上千种之多，不是所有卷绢都会带有绢丝。不过叶尖只要有一点点的白丝，就代表这株卷绢极有可能是到了冬天会吐丝的品种，不过前提是要低温少水。

卷绢阿妈年轻的时候。

将卷绢一代移到圆盆里跟二代、三代们一起住。

冬天的身形。

之前看到卷绢身形拉高、叶背变红就觉得不对劲，心想，莫非是要开花了？再过一阵，中心生长点一坨白丝团状物隆起得更高了！

卷绢阿妈和第五代的子孙们。

这天来看它时，惊喜地发现白绢丝里面至少包着两块白花苞，这下真的确定卷绢阿妈早已在做开花的准备了。这还让我想到蚕宝宝的茧。

自从卷绢阿妈开始明显拉高身形后，心里就觉得它似乎会有什么变化。后来发现在卷绢中心一团毛絮里有一坨一坨小白物后，我就明白了，我的卷绢阿妈要生花苞开花啦，这一天终于要来临了！

花儿看来不会是白的，因为花苞开始变色了。花苞们长得好圆好鼓，还毛毛的。

难得太阳终于肯在梅雨季中露脸，心想，太阳出来了，说不定花会开。一到阳台，“啊！真的开花了！”我不自主地大叫出来。卷绢的花好美，桃红色的小花瓣放射状地打开，因为等卷绢的花开等了好久，又跟一般多肉花不同，所以忍不住一直对着它拍照。

桃粉红色的小花，雌雄花蕊各一圈。总觉得雄蕊长得好像汉堡喔（黄黄的是花粉）。花儿中间好像有只绿色的眼睛，让我想到猕猴桃。

2011-6-24

阳光四射般的曝日

1

2

1. 随着天气暖起来，乳黄色叶缘的新叶一直冒出，新生叶有着明显且完整的锯齿叶缘，很好看。
2. 变为淡粉红色的叶子，经过日照后还会出现红色线斑。

4

3

3. 夏天它被热气及强烈紫外线伤得很惨，叶子全是一大块一大块被烧伤的疤。
4. 经过一个秋冬的休养，漂亮的新叶长出许多，被烧伤的叶子也都自然干枯淘汰掉了，又变回一大株漂亮的曝日。

曝日

Aeonium urbicum 'Sunburst'

刚买回来的裸根曝日因为很小，养在鸡蛋壳里。养了一阵后，换到 2.5 英寸盆，叶子变厚，叶缘也因天冷变成淡粉红色。

曝日，原产于非洲西北外海的加那利群岛，生育期为冬天。曝日的叶色为绿中带乳黄色的覆轮斑，细锯齿状叶缘，在春、秋两季干爽季节时叶缘的乳黄斑会渐渐变为淡粉红色，叶表也会出现粉红斑纹。看了多肉书上的介绍，曝日不喜夏日强光照射，最好移到阴凉处，如果一下子阳光变强，叶子非常容易烧伤。这一点在一个夏天后我深深体验到了！到了秋天，可以胴切母株下来另外扦插，而被胴切后的老茎也会长出许多小侧芽。

英文 Sunburst 一词是指从云间照射出来的阳光。曝日那乳黄色的覆轮不就像阳光四射的样子吗？上网找曝日资料时，发现很多人都误认它为艳日伞，其实艳日伞另有其“肉”（参考 P.240）喔！艳日伞的学名是 *Aeonium arboreum* f. *variegata*，它们两位近亲虽然长得像，但叶形和斑纹还是有差异的。

披着毛绒大衣的福兔耳

2011-6-29

两年前从百元店带回的不良品福兔耳已经由丑小鸭变成天鹅啦！经过时间的洗礼，那株小小的福兔耳已长成一小群了，希望它愈长愈旺。

1

1. 百元店的福兔耳，因盆里的土很湿又不透气，植株长得并不漂亮。
2. 毛茸茸的福兔耳花苞好令我着迷，不仅叶子全身布满白毛，连冒出来的花也是毛茸茸的。可惜之后在肉叶间发现花苞的尸体，一定是鸟儿咬下后发现不是果实就扔掉了，没能欣赏到开花的样子，好可惜啊！

2

3

福兔耳

Kalanchoe eriophylla

4

5

3. 虽然福兔耳穿着厚厚的白毛绒大外套，但还是可见到叶子的红晕。
4. 从叶腋间长出来的新叶，叶尖染着两点小橘红，好可爱。
5. 夏日来临，福兔耳们，好好地享受你们的夏日时光吧！

1

香香的姬星美人

2011-7-2

2

为什么是“香香的姬星美人”呢？因为姬星美人跟香草一样，每当我用手指拨动它，或者是剪下一小段后，总是有一股淡淡的、类似松香的气味残留在手指间，就跟绿之铃一样，也有一股香气，两种味道不同，我都很喜欢。所以每当看到姬星美人时，总是要去拨一拨它的叶子来闻香。

第一次看见姬星美人就爱上它那迷你的模样，以为它会像珍品般难养。没想到试着扦插后，发现它竟意外地容易繁殖，所以我没事就这里插一些，那里种一些，也因为这样，能看到它在不同容器中成长的样貌。

3

1. 摘一些姬星美人种在奶精球盒里。一个月后姬星美人长高许多，叶腋间也生出许多侧枝。小巧可爱就像张着小嘴一样，看了心情都很好。
2. 初春时将它们搬往阳台住，接受较多的阳光，叶子变紧密、叶色也变深了。
3. 近距离拍摄才看得出叶子上短短的细毛，在镜头下可看到细毛前端亮晶晶的精油露珠，这是它香气的来源。

姬星美人长花苞了。经过一个寒冷的冬天，叶子好红。

姬星美人

Sedum dasyphyllum

原生于欧洲中南部及北非，叶对生，叶腋间容易长出侧枝，叶子上带有细毛，且尖端会有露珠状的黏液冒出来，我想，那就是它的香气来源之所在吧！好想收集一瓶香精油啊。

花苞多，花儿也可维持大约一星期，所以整个赏花期很长。

4

5

4. 近拍姬星美人的花，不仅叶子，连花萼和花瓣上都有短毛呢！
5. 姬星美人容易扦插，繁殖速度也快，所以我很喜欢用不同的容器种植它们。

2011-7-7

爆盆的小玉

小玉

Sedum 'Little Gem'（*Cremnosedum* 'Little Gem'）

原产于墨西哥，生长季为春、秋两季。“Little Gem”翻译成中文的话就是小玉石、小宝石。如同其名，小玉的叶片翠绿时，就如同小玉石一般光亮圆滑。外形像一朵朵绿色的小花，在生长期时很会长侧枝，侧枝又会再长侧枝，很容易群生。

小玉给我的感觉是不怕冷、不怕热、不怕渴，也不怕浇太多水，就是怕闷热不通风。不给水，它顶多是下叶干枯，但生长依旧快速。给它水，它马上吸得饱饱的，株形也更挺直，叶片光亮无比。从买回家到现在，从没给它换过盆，也没换过土。

养了将近三年的小玉。

2011-7-4

买回家后隔天晒太阳的小玉。

2008-11-5

1

2

3

4

5

1. 买回来短短三个月，长出盆外了。

2. 过了一冬，天气还没开始暖和，花苞就迫不及待地长出来。小玉的花苞是直接从母株中心生长点长出来的，开完后此母株就不再长新叶，但会从下边的叶腋间，生长出无数的新侧芽，这就是爆盆的开端。

3. 开出鲜黄色的小玉花。

4. 小玉的花苞都是一团一团的，最多的一团大约有13~15个花苞。照片中同时开8朵花很惊人！

5. 又过了一年，体积已变大一倍。为了不挤坏叶子，只好将它放到木箱最边缘处，让枝条可以垂出箱外。天气冷、温差大，加上太阳公公的眷顾，小玉从翠玉变成红玉了。

一直养不好的三色叶

2011-7-11

三色叶

Sedum spurium 'Tricolor'

它跟万年草一样，都是耐寒、耐暑性极佳的植物，夏日可每日给水，冬季休眠时一个月给水一两次即可。生长姿态属于匍匐性，小苗刚开始时还可以站直，等到茎长长后就开始弯腰驼背了。

下叶掉落后，茎节间还是会陆续长出新芽来，所以它通常是以草的形态群生一整片。日照如果充足，不管冬天还是夏天，叶色可一直呈现漂亮的粉红色，相反，日照不足加上给水太多，红叶色可就出不来了。

还有另一个变种叫龙血（*Sedum spurium* 'Dragon's Blood'）。红叶时叶色则全部变为深暗红色，甚至接近黑色，加上叶子有光泽感，非常美丽！

买回来的时候就这么几小段。

买回来一个月后，明显长大不少。

初春新芽会从茎节处冒出来。因为一直长得不漂亮，所以剪了几段丑小枝另外做扦插。

放在室内日照不足，徒长了。

嫌它徒长太丑，将徒长的枝条剪下扦插在旁边并移至阳台晒太阳。四个月后又冒出不少侧芽了。

这种模样让我又想把它砍头重养了。

后来在 Home Center 看到 3 英寸盆的三色叶。买回家养一阵后发现，其实只要给它足够的空间生长根系并适当浇水，它就能长得很好。

迷你多肉相框

2011-7-21

Photo by Mikan

要去一个久未见面的朋友家，心想来做个多肉组合作为礼物，容器选了这个在百元店买的小相框。相框内框尺寸为 4.6cmx 6.5cm，差不多比我的手掌再大一点。做法其实不会很难，只是要很有耐心。

材料：相框一个、龟甲网一小块、水苔少许、土少许、喜欢的多肉小侧芽或小苗。

工具：剪刀、牙签和尖嘴镊子。

做法：先把龟甲网固定在相框上，再将泡湿的水苔拧干，塞进铁丝网内，开始水苔要塞成鸟窝状，中心空间放入少许土后，再用水苔整个包盖住。

接下来就开始动手植入多肉小侧芽或小苗。植入多肉时真的要很有耐心，因为相框小，多肉也小，而且多肉小苗没有根，得塞得紧密些，当相框站立时，多肉们才不会掉下来。

花了近两个小时才完成，虽然很累，但看见成品真的很有成就感呢！

使用的多肉侧芽及小苗：

虹之玉、虹之玉锦、秋丽、胧月、姬胧月、玉雪、小水刀、黑兔耳、野兔耳、千兔耳、红化妆、小玉、蝴蝶之舞、森村万年草和姬星美人。

如果问我，这里面最难植入的是什么，不用想就可以马上回答是森村万年草。因为茎叶又细又软，很容易折断，让我塞到快要抓狂。

朋友家的窗台，多肉相框的新家。后来朋友告诉我，因为这个多肉相框，她也爱上多肉植物了。

Photo by Mikan

遇见黑得发亮的黑法师和肥滋滋的纪之川

2011-8-7

这次去 Lazona 购物中心，看到肉好少好少，正失望时就在可爱盆器杂货区里看到一株让我眼睛一亮的黑法师，黑法师并不稀奇，但是像这样黑到如此发亮的我可是第一次见到！

黑法师

Aeonium arboreum var. *atropurpureum* 'Schwarzkopf'

看过很多人家种的黑法师，也看过很多商家卖的黑法师，但从来没看过像这株黑到如此发亮的，好漂亮！所以即使阳台小，一个品种只能买一株，而且带回家可能会养到不黑，我还是忍不住将它带回家了。其实黑法师的品种很多，真要收集起来也不少呢！上网查后，原来这株是叶色较黑的‘Schwarzkopf’品种。

纪之川

Crassula 'Moonglow'

决定将黑法师带回家后，无双不成对，买两盆好了。所以又回到多肉专区去挑了纪之川。其实对纪之川没有特别的喜好，只是看到纪之川也肥滋滋的，就挑它好了。

毛茸茸的银箭

刚带回家的银箭，觉得叶子毛毛的很特别，还想把它拿来当多肉组合盆栽的成员。

银箭

Crassula mesembryanthoides

2011-8-9

银箭的叶形像一根根带着毛的迷你绿香蕉，叶腋间容易长出侧芽，因此常常从几根银箭变成一丛。夏天的银箭绿油油的，到了气温低及日夜温差大的秋冬时，银箭也会出现红叶，从叶尖开始微带红晕，非常可爱！

2009 年 9 月 28 日带回家的银箭，两年下来我觉得养它比养一般多肉更难一点。虽然生长季是在夏天，却又非常怕热，在闷热潮湿的气候下很容易患上锈病。而盆里的土一干，又容易因水分不足，使叶子由叶尖开始呈现干枯的模样。所以夏天给水得拿捏得刚好。要避免锈病，浇水的时候最好只浇土而不要整株淋水，使叶子保持干燥。

冬天的低温及控水，使得银箭的叶子更为紧密，叶尖也染上红晕。

像不像一根根带毛的绿香蕉?

这盆银箭从买回来到现在快两年了，也还没换过盆土喔。

池袋西武鹤仙园买肉记

收获满满的，完全忘了之前阳台已经摆不下的烦恼。

京美人

Pachyphytum oviferum 'Kyobijin'

其实家里已有叶形大多是圆滚滚的星美人、桃美人了，之所以会把它带回家，就是想看它秋冬红叶的模样。

2011-8-11

上星期五老公说要去池袋，大热天本来懒洋洋的我一听到池袋精神就来了，因为我又可以到有很多肉肉可买的鹤仙园了。这次跟上次一样，在众多肉肉面前，取舍难定，挑了近一个小时才完成十盆的任务。很幸运，这次多了几种上次没见到的品种，而且都是我喜欢的，所以这次就算没有打八折，我还是努力地一直拿，一直往篮里放！

回家后，前往 Home Center 买菜，依照惯例，要先去多肉区逛逛。结果又看到好多刚进货的多肉，虽然今天已经买了不少，但这里的多肉又大又便宜，所以我又挑了六盆肉，光是今天我总共买了十六盆新肉回家，创新纪录了！

元禄美人

Pachyphytum cv.

跟其他美人类多肉不同的是，元禄美人叶头较细而叶尾宽扁，冬天低温日照足，叶子会呈现淡粉紫色。

小圆刀

Crassula atropurpurea 'Rogersii'

杜里万莲

Echeveria tolimanensis

叶呈圆棒状，叶表带有一层白粉，尖刺状的叶尾又细又长，稍显透明，这是它吸引我的地方。

虎斑伽蓝菜

Kalanchoe humilis

圆扁对生的叶上有着不规则的红斑纹，日照及控水的环境下，叶片白粉会增厚，叶色也会偏向灰蓝色调。

达摩福娘（姬福娘）

Cotyledon orbiculata var.

只要冠上"达摩"两字，这叶子就必定是短短肥肥的可爱模样。

福娘

Cotyledon orbiculata 'Oophylla'

福娘的品种很多，叶子有的是长棒形，有的是短圆形，带回家的这株叶子较细长。

银明色

Echeveria carnicolor

叶色是淡紫色。花芽从叶腋间冒出时就像长侧芽一般，直到花柄愈来愈长才知道原来不是侧芽。花梗上的叶子叶孵率很高，很好繁殖。

黄金月兔耳

Kalanchoe tomentosa 'Golden Girl'

叶表上有着淡金黄色的细毛，整体看上去金黄色的样子很特别，叶缘的深棕色细毛经过充足日照后会愈来愈黑。

黑骑士

Echeveria affinis 'Black Knight'

从开始养古紫以来，我就很想拥有黑骑士，这次在鹤仙园遇到它真的好开心。它跟古紫都是黑石莲，但黑骑士的叶形较细长，肉质感也较明显。

白美人

Cotyledon cv.

看到它时觉得惊为天人，叶形呈长棒状，虽然叶表带着一层白粉，但翠绿饱满的叶子晶莹剔透，加上叶尖泛红，真的很美，难怪叫白美人。

小银箭（星公主）

Crassula lanuginosa var. / Crassula remota

毛毛的小银箭叶子上带着细毛，跟银箭一样很容易患上锈病，浇水要小心，不要浇到叶子喔。

紫蛮刀

Senecio crassissimus

扁状的薄叶带着紫红色的叶缘。

蓝粉笔（万宝）

Senecio serpens

第一次亲眼见到蓝粉笔，粉粉的长棒状叶上还带着一丝丝半透明的斑纹，粉很厚的样子让它真的很像粉笔。

北极星

Crassula perforata

它综合了十字星叶片薄与星王子叶子宽大的特点。带它回家最主要的原因是这个盆里有一株是三叶突变株。

红司

Echeveria nodulosa

红司不平整的叶子上有着不规则的暗红色斑纹，像是大自然的艺术品。

拍照时发现红司的茎部好特别，它的茎不是光滑的圆柱形，而是凹凸不平的，像长着疣状物一样。

星之王子与星星家族

2011-8-16

星之王子是在大创店铺找到的。它藏在最里面一排，还好我眼尖，不然就要错过这么美的肉“星星”了。买回家后仔细瞧瞧，发现底下有两株小侧芽呢！喜欢看它层层堆叠的肥厚模样，好有秩序感啊！

星之王子

Crassula conjuncta

原产地为南非，耐暑性强，生育期为春、秋两季。星之王子比十字星还要肥大一点，叶面有层薄薄的白粉。冬天低温及温差大时叶缘显红。花季会从生长点长出花苞，花谢后母株死亡，随后会从下方的叶腋间长出许多侧芽。

星星家族——阳台上的“星星”类多肉集合照。
十字星、尘星、爱星、姬星、纪之川、北极星和星之王子。

1

1. 星之王子，藏在底下的是小侧芽。
2. 刚合植在一起的星星家族。
3. 姬星（小米星）被太阳晒红了。
4. 漏掉的数珠星单独拍一张。

2

数珠星（烤肉串）

Crassula 'Baby Necklace'

3

4

1

种子盆栽——火龙果成长记

2

2011-8-23

整理以前的照片，找到了以前住巴厘岛时种植火龙果的记录照，现在再看还是觉得很有趣。

在超市买回一个火龙果，去皮后切块放在洗衣网袋里开始在水中搓揉，老实说要洗出干净无果肉的火龙果种子真的是很费时费水。不过为了避免在等待发芽的过程中长出霉菌，我还是很努力地洗。洗干净种子后，放在干的纸巾上让它完全自然风干。之后再平铺于土壤表面，可于种子上覆上一层薄土，也可以不覆土，最重要的是每天要喷湿土壤表面，然后置于通风处。一个火龙果的种子大概可以种这样三盆，而且是铺得满满的喔。

3

1. 土表铺满火龙果种子。
2. 种下种子将近一个月，很多幼苗发芽了。
3. 那时住的房子屋檐很宽，阳台阳光不足，以至于大家都伸长脖子想要追寻太阳公公。

火龙果（绿钻）

Hylocereus undatus 'Fon-Lon'

用于种子盆栽，也有人称之为绿钻。播种后第 165 天，叶间已长出带毛刺的三角柱了。

老实说，它们能这么整齐，是因为后来我又重新将一根根长出的三角柱按照高低排列种在了另一个杯子里。

喜欢看它那背部紫红，表面则翠绿晶莹的厚质叶。

2011-8-28

不期而遇的红椒草

和朋友约在南砂町的购物中心AEON，要去逛逛跳蚤市场。没想到一到现场，居然因下雨而无人摆摊儿！没跳蚤市场可逛，就去逛逛AEON里的Doit卖场，看看有什么新多肉。结果到了一看还真失望，多肉们的品相都很差。

离开前经过生态球区，正跟朋友讨论生态球时，瞄到下方有一盆红椒草，仔细一看，原来有一整篮十二盆全是胡椒科的观叶植物，没想到在离开前意外遇见我喜欢的红椒草。

盆里有六株红椒草，放进彩盆里，看起来更美。

红椒草

Peperomia graveolens

原产地在秘鲁、厄瓜多尔一带，非耐寒性多年草，喜好明亮半日阴的环境，气温低于20℃时生长趋缓，这时浇水次数也要减少，冬天休眠须限水来越冬。它喜欢干燥的环境，用土应使用排水性良好的土壤。

2011-9-14

爱玩叠罗汉的玉稚儿

在 Sunamo 遇见自助出售的玉稚儿裸根小苗。带回家植入鸡蛋壳里，但根系还没适应好就给水，造成下部茎叶腐烂，小苗一下变得好短。

叶色微微变红，新生叶像是用刀刻画出来的一般。

回台湾两个月，等从台湾回来后发现它们长好高，还变成了粉紫色，叶腋间也长出小侧芽，感觉好挤啊！

这样子像不像叠罗汉？小侧芽把妈妈的叶子撑得好开，还有一粒小侧芽可能因为太挤了，自动离开妈妈掉了下来。

当初我没想到这两株玉稚儿可以活得这么好。买回家不久，就发现它不但没生长，反而从下叶开始一直烂。本来有点高度的玉稚儿愈来愈短，心想大概它不喜欢我家，可能活不下去，就干脆不去管它，水也给很少。而当我再度注意到它时，才发现原来它已悄悄地冒出好几层新叶了。这也让我了解到一件事：一定要等它的根系完全适应新盆土后才能给水，否则下场就真的是烂根了。完全不理它，水给很少，它反而会自力自强，努力生存下去。

玉稚儿

Crassula arta

生长季为冬天，耐暑性弱。株形如塔柱，叶为对生，层层向上堆叠生长，根系生长迟缓，扦插后给水需要特别小心。生长期时会从叶腋间冒出新的小侧芽，等小侧芽大一点可拔下来再另外扦插。

2011-9-20

孵仙——仙人掌种子栽培记

容器：附有盖子的日式小麻薯塑料盒。

孵仙步骤：

1. 每一个坑都填入颗粒极细的赤玉土。
2. 种子铺于土表，不用覆土，但需浇湿土壤。
3. 盖上盖子静置于光线明亮但太阳无法直射的窗边。

破壳而出的小仙人掌好可爱。也许是因为窗台温度低，所以红通通的。

第一次知道用种子栽培仙人掌是在花花世界论坛里看到的，那时就对孵仙产生了莫大的兴趣，觉得圆滚滚带刺的仙人掌从种子开始孵是件很妙的事。我第一次孵仙是住在巴厘岛的时候，那时的种子是还在北海道住时逛花店看到的魔云结种荚，刚好我对魔云又很有兴趣，就跟店员要了两个俗称红蜡烛的种荚回来，照着在论坛学到的知识，先清洗果肉取种子，等种子晾干后种下，果真第一次孵仙就成功了。可惜后来要搬回日本无法带着它们，就送给朋友了。

回日本后，仍然对种子孵出仙人掌很感兴趣。好心的肉友前辈知道我很想孵仙，分享了一些种子给我，真心感谢！实际孵过更能体会到从种子孵出仙人掌的成就感，这过程也真的超级无敌有趣。

1

2

3

4

5

1. 种壳还没完全脱落。特写看起来很大，其实种子直径还不到 2mm。
2. 破壳而出的小仙人掌。这里孵的是鸾凤玉小仙人掌苗，还那么小头顶就有角了。最奇妙的是它的根呈毛絮状，却能站得很稳。
3. 孵仙第 20 天，有些仙宝宝中心生长点开始长毛了。
4. 种子很新鲜，所以成功孵出来的数量很多。容器有盖子，但盖上后不是密合的，所以盒盖上没有穿洞。如果盖子是密合的，最好用大头针扎几个洞，土干了也要补充水分。
5. 孵仙第 25 天，星兜苗圆滚滚的，不像鸾凤玉宝宝有明显的尖角。

6

7

8

6. 仙宝宝的根真的好毛啊！
7. 魔云第 46 天，头顶长出很多仙刺了。
8. 鸾凤玉小仙第 111 天。
9. 小仙们两岁四个月大了，因为不想让它们长太大，所以都用 1 英寸盆养着。

9

送给自己的小木屋多肉组合

2011-9-24

每次用可爱的容器做组合盆栽都是为了送朋友，自己反而一个都没有。这次，趁着换盆省空间，终于组了个可爱的多肉小木屋送给自己。小木屋是在一家卖杂货的小店买到的，买回家后就丢在箱子里，也没马上拿来用。这次把许多该换盆的多肉组合在一起，小木屋终于派上用场啰！

这样组一组又腾出六七盆的空间了。
小木屋底盒尺寸：16cmx9.5cmx6.5cm。

小木屋的多肉成员有：

- 花月
- 不死鸟锦
- 白美人
- 乙女心
- 虹之玉
- 蓝粉笔
- 福兔耳
- 初恋
- 野兔耳
- 红稚儿
- 春萌
- 万年草（好几种）
- 紫月
- 绿之铃锦
- 雅乐之舞

猫咪在木屋一角赏肉。加上可爱的小物，
多肉组合更有趣。

随手剪了扦插的两小段紫月，两个
月后已长成两长串，有许多分枝，
还开花了呢！

屋顶上也有一只虎斑小猫咪。

2012-5-5 八个月后全体都长大很多。

小白椅配上美丽的多肉，看
起来是不是很有气质呢？

2011-9-29

不能坐的多肉椅

1. 准备好小白椅、纱网、铝线、龟甲网和剪刀。

受朋友邀请去她家吃台湾家乡味料理。这位朋友是我的第一位顾客，即跟我订母鸡带小鸡多肉组合盆栽的那一位，所以为了感谢她的赏识和信任，打算再做个多肉组合送给她。刚好在去的前几天，在大创看到这把小白椅，想到如果用来做多肉组合一定很可爱。

这是第一次用小椅子做多肉组合，所以走回家的路上一直在想要怎么弄才好。在做的时候完全是自己身边有什么材料就用什么，材料非常普遍，也很简单，做法就在这里分享给大家，大家也可以来做做看喔！

2. 一开始并没有确切想好要用什么多肉来组合，都是边想边搭配。将一些可使用的多肉集中在一起，这样要搭配也比较方便。

3. 剪一块椅子大小的纱网放在椅子上，用铝线绑好使之固定。纱网取自花束包装材料，被我留下来做底网。需使用纱网是因为我会在水苔里放一点土，要避免土落下来。

4. 固定好纱网后，把多余的边边照着椅形剪掉。

5. 先铺上一层水苔，以能盖住纱网为主，然后在水苔上面放一些土。我大约放了五小汤匙，堆得尖尖的，像个小土丘。

6. 在尖尖的小土丘上再放上一些水苔，以能遮住土为主。整个愈堆愈高，就像两块海绵蛋糕里夹着奶油。

水苔要先用水泡软，使用时用力拧干，把多余的水分通通挤出来再放在椅子上。因为我是临时切下多肉小苗或侧芽，涂完杀菌粉后直接植入水苔，为了让切口不至于因太潮湿而感染病菌，水苔要尽量拧掉水使其快点干。

7. 用整个手心将水苔往下用力压，边上也均匀压到。压好后矮了许多，可以先不用管边上有缺口或多余的水苔。

8. 将剪好的龟甲网覆盖在水苔上，用鸭嘴钳将龟甲网的铁丝拧到椅子边缘，将水苔固定在椅子上，就像为椅子做了一个圆圆的水苔坐垫一样。再利用尖嘴镊子把有空洞的地方补一些水苔，露出的水苔也塞进去。这样就做好水苔基座啰。

好奇底下长什么样吗？来看一看吧！记得将龟甲网的铁丝头都塞入水苔，才不会扎到手。

植入多肉的技巧：

1. 剪下侧芽，切口沾一些大生粉来防菌。
2. 用尖嘴镊子在水苔上先刺出一个洞，再将侧芽植入。
3. 等到作品完成后，放到通风处风干水苔，一星期之后再浇水。

日常照顾：像这样的组合盆栽只要阳光充足，控制给水，通常可以维持这样小小肥肥的样子，即便小苗们长高长大也会有另一番不同的风味。

多肉椅子的成员有：

- 姬胧月
- 迷你莲
- 虹之玉
- 虹之玉锦
- 胧月
- 小玉
- 子宝草（蕾丝姑娘）
- 祇园之舞
- 覆轮万年草
- 黛比
- 千兔耳
- 爱之蔓
- 绿之铃
- 森村万年草
- 姬星美人
- 玉雪

9. 接下来就开始选搭多肉，逐一植入水苔基座中。

Photo by Mikan

日本知名园艺家的八岳山俱乐部

2011-10-2

有次老公看到电视在介绍日本知名园艺家柳生真吾的八岳山俱乐部，俱乐部里的小木屋屋顶上种满了多肉植物，他就说要带我去看，但从春天等到夏天都结束了，还是没去。终于在九月的最后一个假期，我们骑车来到八岳山俱乐部看柳生真吾的多肉啰。

早上 10:20 出发，下午 2:10 才到达。中间有一个小时在高速公路的休息站解决午餐。当摩托车在高速公路上飙到 130km/h，要用力跟风力对抗时，我觉得快被风吹走了。

八岳山俱乐部的多肉销售区。柳生真吾很喜欢多肉植物，而且还出过关于多肉植物合植方面的书，第 28 页我向大家推荐的《多肉植物　体验独一无二的形状与颜色》一书中就有不少他的作品。

1

2

3

4

1. 曝日、熊童子锦（白斑）和熊童子。
2. 山上气温低、温差大，虹之玉锦红得好美好梦幻啊！
3. 火祭之光处于花季中。花梗拉得好高好长。
4. 低温下的虹之玉和红司都好漂亮。

5

5. 多肉与漂流木的组合真好看，简单大方却令人眼前一亮。

6. 木椿上满满的都是多肉，好过瘾。

7. 百合区。旁边牌子上写着它们是沙漠中的水晶，形容得好贴切啊。

8. 胖宝草（达摩宝草）有着明显的叶厚肥短的特征。

6

7

8

在园内露天的餐厅享受一顿与大自然接触的下午茶。茶是八岳山俱乐部自制的香草茶，非常好喝，离开前还买了两包带回家。

这三盆是我在八岳山俱乐部带回的战利品。

姬玉露

Haworthia obtusa var. pilifera f. truncata

晶莹剔透的姬玉露，称其为沙漠中的水晶毫不为过。

白斑玉露

Haworthia cooperi var. pilifera f. variegata

黄丽锦

Sedum adolphii f. variegata

红唇般的魅惑——吉娃莲

2011-10-24

吉娃莲夏天粉嫩可爱得像朵绿玫瑰，冬天则美艳动人得令人心醉。2009 年 7 月 4 日在 Lazona 遇见可爱的吉娃莲，当时 2.5 英寸盆里的它还是小小一株，像一个小水蜜桃。如今我的小水蜜桃已经长大不少，不再稚气，取而代之的是令人陶醉的成熟美艳。

2009 年 7 月 8 日刚进家门的小吉娃娃，换了高级的多肉植物专用土，盆还是用原来的 2.5 英寸盆。看它像不像一个小水蜜桃？深深为它的红叶尖着迷，有些叶尖还会向内钩！

寒冬使吉娃莲的叶子呈现往内包的形态，像玫瑰般美丽。

吉娃莲（吉娃娃）

Echeveria chihuahuaensis

生育期为夏天，耐暑性中等。

和桃太郎很像，但株形比桃太郎要小一些，叶子也稍宽且短。

这年的秋冬回台湾两个半月，由于水给的少，意外造就了吉娃莲极为艳红的叶缘，带着水珠的它更显美艳。这模样使我联想到“烈焰红唇”。

2011-10-29

古紫是我2009年2月16日在Home Center遇见带回家的。当时这株古紫品相很不好，不但体形不够匀称，叶色也不够黑，但因卖场的古紫只有这一盆，我也没得选择。当时心想买回家帮它换个新盆，修修根叶，过一阵子一定可以长得漂漂亮亮的，到时我也会很有成就感的。就这样我把它带回家了！

很开心，没多久，古紫就真的很争气地长大并开始变美了，不但颜色漂亮、体形优美，还冒出火焰般的花序来呢！

买回家后把植株取出，用水冲洗根部并修剪掉一半细根。放在明亮处等待根部阴干。

愈晒愈健壮——乌黑亮丽的古紫

把根部阴干的古紫植入新的盆土里。期待它变美。

当当当！半年后，那株体形不匀称、叶色不够黑的丑小鸭古紫已经摇身一变成黑天鹅了！旁边分别为姬胧月和大和姬。

古紫

Echeveria affinis

古紫为黑色系莲座状多肉成员之一，叶色可依日照程度多寡呈现出绿色、古铜色及紫黑色等不同颜色的转变，日照时间愈长，叶色愈黑，植株也愈强健。它还有另外两个兄弟，分别是黑助和黑骑士，同样都是愈晒愈黑的品种。

咦！中心多了个小东西！

1. 花序冒出来了！还不到一年就打算开花给我看，真是乖。
2. 冒出的花梗是翠绿色，但花梗上的叶子则是紫黑色。
3. 九月初花序出现，到现在两个月，花苞要开始转黑了。
4. 花梗拉得又长又直！花序也由绿色转为火红色。

1

2

3

4

5

6

5. 古紫的花序红通通的，像一簇簇的小火焰。

6. 这花序是 2011 年即古紫栽种第二年长出的，花序的形态跟第一年不一样，花梗上的叶子又多又密，反而是花序很小，而且有拉不出来的感觉。

7. 同年第一株的花梗还没干枯，第二株的花序就又冒出来了。

开完花的花梗要用剪刀剪，不能硬拔喔！花梗还未完全干枯时在主茎上面长得牢牢的，要拔很容易伤到主茎，细菌就有机可乘了。可以剪掉花梗上半部，下半部等完全干枯后再拔，就很容易拔下，又不会伤到茎。

7

这次冒出的花序形态又跟前两次的不同，花梗的叶片包得紧紧的，感觉就像是另一枝古紫侧芽一样。这株古紫植株变小了。我怕它连续三次冒花序造成植株营养不良，而且盆土也已两年半了，替它换上新土吧。盆、土分离后，土块像石头一样硬。

换过新土，花梗上的叶子开始打开了。

古紫三年三次不同形态的花序，连着三年开花，辛苦啰！

不给肉就捣蛋！

2011-10-31

今天是万圣节，就来篇应景笔记吧！

尽管这里挪，那里挪，阳台就是挤不出空间来种肉了。想到很久前曾经买了一卷铝线，想要绕成弹簧般的蛋架，但后来用蛋盒就很方便，铝线就丢进箱子里了。直到看见肉友用铝线绕蛋，觉得真是好看，所以利用铝线的想法又跑出来了。再到阳台观察一下，突然想到，既然架上地上都摆满了，那就往空中发展吧！

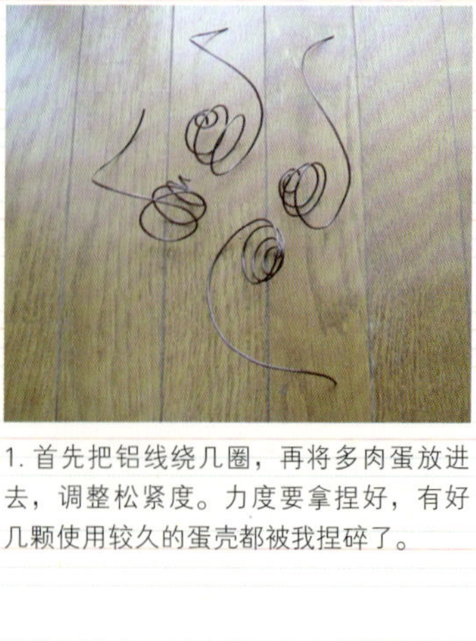

1. 首先把铝线绕几圈，再将多肉蛋放进去，调整松紧度。力度要拿捏好，有好几颗使用较久的蛋壳都被我捏碎了。

2. 将绕好的多肉蛋逐一挂在特粗的铝线上，一共挂了十六颗多肉蛋，粗铝线都没有往下垂。

3. 夹上可爱的小夹子做点缀，还可以做出间隔，这样就不怕风大时都吹得挤在一起。

4. 再绕上有鬼脸南瓜图的彩带，还有南瓜与小幽灵吊饰，这样就更有万圣节的气氛了。

小猫爪种子试验记录

2011-11-6

养子猫之爪第一年时，在白色瓷器组合盆栽里的子猫之爪开花了，很好奇，不知它可不可以自花授粉。后来花苞干枯，我也都一直没去理会，直到修整走样的组合盆栽时，才把干枯的花苞剪下。剪下后也就丢在一边，大概是觉得它不太可能真的结种子吧。

一直到要孵花友寄来的仙人掌种子时，我才顺便把放了好久的子猫之爪干枯的花苞拿来看。我慢慢地把干枯的花瓣一瓣一瓣小心撕开，发现里面没有想象中的颗粒状的种子，都是粉末般的细屑，不晓得到底有没有成功结种。抱着宁可抓错不可放过的精神，干脆把花瓣包着的种荚用手指用力搓揉，让细屑粉末落到已湿润的土上，再观察后续变化。

成功孵出许多绿色小芽了，超惊喜！播种空间直径只有3cm，可以想象猫爪宝宝有多迷你了吧！

圆鼓鼓的小叶子好可爱啊，都是靠喝水长大的。

第 198 天，已经有明显的猫爪体形，而且正值秋天，叶缘红了。

子猫之爪

Cotyledon ladismithiensis 'Konekonotume' /*Cotyledon ladismithiensis* var.

将近 380 天，养在小奶精球盒里的小猫爪冻得红通通的。

抱着试验一下的心态，把养出来的小猫爪都丢在阳台，水也是想到才浇，最后坚强活下来的就这三位了。

小猫爪毛茸茸的，
模样好迷人。

小猫爪两岁半的模样。
从 1 英寸盆移至鸡蛋壳中。

从仙肉展销会带回来的战利品

战利品集合照一张。进场后短短一个多小时，我已经挑了十三盆多肉，外加严老板送我的树冰。

姬胧月锦

Graptopetalum paraguayensis 'Bronz' f. *variegata*

这盆姬胧月锦的丝缟斑较明显，隐约可看见粉红中带绿底。

2011-11-10

樱月

Graptopetalum cv.

看中了它粉嫩透亮的肌肤。买时标签上名为樱美人，但回家上网查找却发现它跟樱美人一点都不像，之后在别处见到它，名称则标为樱月、樱牡丹。

由 ISIJ 日本国际多肉植物协会举办的仙肉植物展销会，每年在春、夏、秋季及新年之际共举办四次，据说是日本最大型的仙肉植物展销会，业内人士会从全国各地带着自家孕育的宝贝来出售。

进入会场，我一边汗流浃背（人很多，很热），一边内心挣扎（肉很多，很爱），看见那么多的美肉在展销，大家好像都在对我叫着："选我，选我！"这时虽想到阳台已经爆满，连空中都挂满了多肉鸡蛋，但好神奇，我好像根本不在乎耶，先买再说！理智完全不见，只剩下多肉失心疯。而且居然还在这里跟台湾新竹福祥仙人掌店的大、小两位严老板碰到，问了许多种植问题，他们都好亲切地回答我。下面来看看我的战利品。

红覆轮

Cotyledon orbiculata var. *oblonga* 'Macrantha'

在书里见过，但觉得它不是我的菜。亲眼见着才深深为它那碧绿色的叶片和对照鲜明的红叶缘给吸引住了！

月美人

Pachyphytum oviferum

家里既然有了星美人，当然也不能少了“月”美人。

扇雀

Kalanchoe rhombopilosa

终于遇见它了，像巧克力脆片！之前总是寻不着它的身影，这次只见一盆，决不错过。

长得像黑玫瑰似的，网上有人说是古紫，也有人说是黑王子（*Echeveria*‘Black Prince’）。在日本，古紫和黑王子的区别不清不楚，我想真要搞清楚谁是谁可能很难了吧！

丸叶红司

Echeveria nodulosa f.

这株红司跟在 Home Center 买的那株不一样，它是丸叶红司，叶子圆圆小小的，十分可爱。

黑砂糖

Haworthia hybrid 'Kurozato'

一直不让自己爱上百合科。但看到这株紫黑色的黑砂糖，理智便不受控制，唯一控制住的是大盆买不起，买盆小的。

大灯泡

Conophytum burgeri

有“多肉宝石”之称，晶莹透亮的，像玻璃弹珠。很想帮它剥皮，但轻轻抠一下后发现它很嫩，怕弄伤它不敢再剥了！

雪莲

*Echeveria laui*i

挑这盆小苗时并不知道名字，回家上网查资料比对，才知道是生长很慢的雪莲。

把它截成两半，又剥了一些叶子来孵，希望很快能见到小树冰。

树冰

Sedeveria 'Silver Frost'

这株是从严老板那儿得来的！我好奇他都批发哪些多肉回台湾，问到树冰时，他就说这株给你。我不好意思拿，但他说："没有卖了喔，全都被我买下了。"我就收下了。谢谢严老板啦！

大姬星美人（绿叶）

Sedum dasyphyllum 'Opaline'

网上拍卖买回的小苗是红叶种，这株则是绿叶品种。

初恋

Echeveria 'Huthspinke'

这个算是失心疯下的战利品，看它那么粉红，以为是另一个品种的姬胧月。结果带回家养了一阵子，红色褪去后发现原来它是初恋。

与艳日伞相遇在池袋

2011-11-14

前天和朋友去了池袋，当然不能错过鹤仙园，不过这天我很努力地不伸出手，因为上星期才去了仙肉展销会，回来为了挪空间，还在阳台忙了一整个下午。唯一控制不住伸手去拿的就是想了很久很久的艳日伞，内心尖叫着："我终于找到你啦！"

艳日伞

Aeonium arboreum f. variegata

原产地在摩洛哥，生育期为冬季，耐暑、耐寒性皆弱。很多人都以为曝日就是艳日伞，其实两者不同。

曝日

Aeonium urbicum 'Sunburst'

叶色乳黄色和绿色相间，叶子较厚且硬，新叶会有立体的感觉；而艳日伞的叶子就跟黑法师一样，薄薄的，容易弯折。

在寒冬休眠时，艳日伞的叶子会缩短变圆。天气一暖，叶子又会拉长变尖。

1

带猫咪去逛多肉花园

2011-11-16

1. 收到朋友给的小猫咪，马上把它们放养到多肉花园去玩耍。
2. 一共有四只猫咪在多肉花园里散步喔！
3. 底下那只肥不隆咚的，还一脸贼笑。最上面那只很皮，怕得发抖还爬那么高。
4. 小木屋组合上面也有一对喔！

2

3

4

2009-8-12

2011-12-1

紫月是多年常绿草本植物，匍匐下垂型，为黄花新月的叶子可变紫色的园艺品种。在我养紫月的过程中发现如果气温够低时，它的叶子会迅速穿上紫色外衣，但天气一暖它又会换回绿色外套了。

再说它的叶形，如果日照不足加上经常给水，叶形会拉长成为细细的新月形，但如果控制给水，保持低温，它们也是可以长成圆鼓鼓的模样的呢！在不同季节不同环境下能看见它叶色和叶形的转变，非常有趣。

穿着紫色大衣的紫月

紫月的花苞刚长出来时是很小的一粒，比西米露（编者注：一种形似珍珠的加工米）还小。

2009-9-18

紫月

Othonna capensis 'Ruby'

公公知道我喜欢多肉植物，因此 2009 年 8 月 12 日回神户祭祖时，看到亲戚家也有多肉植物，就剪了一些给我，其中就有紫月枝条，有 10~15cm。养了一阵，感觉比绿之铃好养。紫月枝条才放入新盆土没几天，茎部就一直长根，紧紧抓住土，开始吸水长大。然后短短一个月，紫月就长好长，枝条一直往下垂坠。

过冬的紫月因冬天的低温加充足日照叶色变得好紫！

花开了！是黄色的花。

紫月的花跟绿之铃有点像但又不一样。紫月开的黄花有舌状花和管状花，外面一大片的就是舌状花，内里一小管的就是管状花，而绿之铃就只有管状花而已。紫月开花后我马上去闻，一点味道都没有，不像绿之铃的花很香，但小朵黄花也是很可爱的！

紫月属于菊科，从入秋到冬天是它的开花期。

前后半个月的对比。
新芽冒得很快。

剪下一些紫月枝条，再扦插了这一盆。4 月初扦插的紫月，没喝水加低温，扦插的枝条也变紫了。但因为气温渐暖，冒出的新叶绿绿的。

这是另一盆用枝条扦插的紫月，这盆的日照比较充足，经过一个冬天的洗礼，紫月换上紫色大衣，这下名副其实了。

紫梗带绿叶的模样也很好看。

2011-9-9

在小木屋组合的一角扦插了两小段紫月枝条。

短短两个月两根枝条变成两串紫月，而且还开花了。

2011-11-8

花儿很努力地抬头追寻太阳公公。

2011-11-8

数珠星（烤肉串）

Crassula 'Baby Necklace'

2011-12-9

从 Lazona 带回数珠星，原本店家是标上了舞乙女的标签，但总觉得应该是数珠星。查了书和网络之后，确认是数珠星，也是台湾俗称的烤肉串。数珠星的叶缘较圆滑，而舞乙女的叶缘则有棱角，并带着些微锯齿。

只能赏不能吃的烤肉串——数珠星

1

2

1. 买回来的六串数珠星各分两半，有三串种在瓷盆里随便长。
2. 一年多之后长这么长。这盆土用了快三年，种的多肉种类也很杂，空间的限制，贫瘠的土壤，让烤肉串的叶子紧密地串在一起。

3

3. 其中一株的顶端冒出怪怪的像小鸟嘴的叶子，是要开花了吗?

4. 果真！数珠星冒花苞了。

5. 从有开花迹象到开花，历经两个月，花期很长，开得像一个球一样。

6. 红红的烤肉串，不是烤熟，而是冻熟啦。

4

5

6

2011-5-13

圆润粉嫩的姬秋丽

2012-1-23

当我在网上看见姬秋丽时就认定它了，可是市面上完全没见过，网上拍卖的又是很小一株！出去买多肉时，总是希望能见着它的身影，终于在 2010 年 5 月，公婆约我们去足利花卉公园时发现它的身影，那会儿真是开心得不得了。另外还发现了熊童子锦和美丽的静夜，足利花卉公园真是个好地方啊！

姬秋丽（姬愁丽）

Graptopetalum mendozae

买到挤满姬秋丽小苗的 2 英寸盆。

将几株姬秋丽小苗种在奶精球盒里。

气温较高，太阳晒不够，姬秋丽就会慢慢褪红。

夏天和秋天的姬秋丽，颜色差好多啊！

姬秋丽的叶子非常容易被碰掉，还好叶孵的成功率非常高，几乎百分之百。

三个多月后，叶孵出来的小苗长大不少。

移一些叶孵小苗进鸡蛋壳。这个位置的日照不太足，所以是青绿色的。

把它吊起来放在阳光充足的地方，果真没多久就开始转成嫩粉红色了（当然还有气温转低的因素）。

1 

小木屋里的红叶房客

2012-2-26

2 

当初为了节省空间，在秋天组了多肉小木屋，经过半年的时间，里面的房客除了爆长之外，能变红的也都红通通的了。

1. 刚组好的模样，叶色都还很淡、很绿。
2. 刚组好时就已经很挤了，过了两个月简直是挤爆了。
3. 多肉们换上粉粉的淡妆。小木屋黑板上的字也快被遮盖住了。

3 

4. 寒冬到了第三个月，大家都已画上浓浓的艳妆。
5. 乙女心长得好快，而且还长了不少侧芽。
6. 春萌伸出花序，春萌下方的白花小松也好红。
7. 左边绿油油的花月变成红通通的了。

4

5

6

7

初恋的红叶那么美，被可恶的鸟儿啄坏了。

2012-3-1

白牡丹好不容易养那么大了，结果被啃了，真的很伤心。

架网防住贪嘴鸟

女雏也被啃得很惨，防鸟用的闪亮的光盘完全没用啊！

加上保护网的阳台。成功堵住贪嘴的鸟儿。

回台湾前就发现有鸟儿开始在我家多肉阳台作乱，当时找了几张光盘绑在多肉架的四周，希望能吓退这些小坏蛋！哪知从台湾回来后，老公就跟我说多肉好像又被鸟啃食了。踏进阳台查看，真的又多了许多受灾户了！尤其是姬胧月和胧月最为严重，扦插的姬胧月全被挑起来散落在地上，盆内只剩下土。谁来告诉我这些鸟儿为什么要这么坏呢！

到百元店买了爬藤用的网，墙上粘了无痕挂钩来钩住网，下边就绑在栏杆上，虽然不美观，但顾不得那么多了。边设网边想网洞会不会太大，但之前看到来我家啃肉的鸟比鸽子还要大一些，应该是进不来了。如果还是钻得进来，我会再多绑上一些细绳子！

日本网购多肉小苗记录

收到综合多肉小苗。卖家很细心，小苗都单独包得很好，而且还附上了名字。

2012-3-20

每次看着日本网拍里的综合小苗心都很痒，但大部分网拍里的综合小苗很多我都有了，所以一直没下手。直到看到一位卖家拍卖的五十几种综合小苗里，至少有一半我都没有，虽然快到夏天了，小苗可能不好养大，还是拍下来尝试一下。

2011-6-29

拆包装时好像拆礼物一样兴奋，不过小苗们真的好小好短一段喔，真怕养不活。

拍完照片之后，就将小苗放进鸡蛋壳里，有些好小一株，就先将三种种在一起。以下是它们在蛋壳里的后续生长发展情况。

蓝豆

Graptopetalum pachyphyllum

小小嫩嫩的新生绿叶，在叶尖上有极明显的一点深紫红色，好可爱啊！

小人之祭

Aeonium sedifolium

收到时是夏天，当时一直没动静，直到冬天来临后它才开始迅速生长。

2012-3-7（收到八个月后）

2012-2-26（收到八个月后）

大唐米

Sedum oryzifolium f. pumilum

玉米石

Sedum album

大唐米

Sedum oryzifolium

夏天购买小苗的心得就是，扦插小苗真的很不容易啊！要非常小心和耐心，千万不能急，着急给水或拔苗，小苗往往就会烂茎或损伤，最好耐心等到秋凉后再开始稍稍给水。

玉蝶

Echeveria runyonii

拿到时觉得株形有点怪，养了一阵后果真是花芽来着。

久米之舞

Echeveria spectabilis

寒冬住在阳台的久米之舞不疾不徐地长出嫩绿带红边的新叶。

黄丽

Sedum adolphii

刚来时很绿，砍头胴切后，新生出来的小黄丽因寒冬转为橘黄了。

特叶玉蝶

Echeveria runyonii 'Topsy Turvy'

果然是生长期在夏季的多肉，炎热下还是很有精神，成长速度也很快。

这批网拍小苗最让我开心的就是有微风天使和白雪万年草。微风天使非常迷你，一粒叶长度不超过2mm，比极细粒的赤玉土大不了多少。拿到这小小的两段，真的是小心翼翼当宝贝来照顾。所幸容易掉落的叶子也会发根长叶，只是速度不快。白雪万年草叶表像铺上了一层极细的白绒布，用手触摸不会掉下白粉，但生长超慢，好几个月下来也没变化。

微风天使

Sedum brevifolium 'Quinquefarium'

白雪万年草

Sedum spathulifolium 'Cape Blanco'

大姬星美人（红叶）

Sedum dasyphyllum 'Riffense'

红叶品种的大姬星美人，在夏天日照充足时也会红叶。

美乐蒂

Sedum mirotteii

擦着白粉的爱美的美乐蒂，不忘在叶尖上也扑了一些腮红。

大型万年草

Sedum diffusum 'Potosinum'

叶色淡绿偏白，叶尖有小红点，冬天低温下叶色更粉嫩。

赤叶万年草

Sedum spathulifolium 'Purpureum'

因冬天叶色会变红而得名。还有一种冬天叶色会变红的红霜（Sedum spathulifolium），虽然也是生长缓慢，但比白雪万年草要快。秋天可从叶腋间看出有小手伸出来。

覆轮丸叶万年草

Sedum makinoi f. *variegata*

丸叶万年草的锦斑品种。

多肉阳台之最后巡礼

2012-4-4

这个 $2m^2$ 大的多肉阳台，每次走在其中都要小心翼翼地侧着身子，但偶尔还是会踢倒地上的多肉盆，然后心疼地边收拾边跟多肉说，对不起，仆人我太粗鲁了。加了防鸟网后，甚至还要低着头、弯着腰才能从这头走到那头，有时腰弯得不够、头低得不足，头发上的大鲨鱼夹还会钩住鸟网然后卡在那。虽如此，这个小小的阳台却在这四年的时光中带给我无限的快乐和幸福感。搬家的前夕，我要对阳台说："谢谢你！我会永远记得你的。"

搬家的前一天，趁着太阳还没下山，拿着相机帮多肉们四年的家做最后的拍照留念。很幸运，是个大晴天，让我拍下了美丽的色彩。

1. 这条通道只有我能走得过去，老公要走还得侧身。不过为了不使手臂撞到花架上的肉，我还是会侧身通过。
2. 我很喜欢这个小方框，能让我多摆几盆多肉。
3. 买回这个木架后，逐渐摆上多肉，但还是不够摆。
4. 连自己都觉得好笑，架子没得摆，栏杆没得挂，只好往空中发展。
5. 栏杆绑上百元店买回来的铁网，又能放上好多多肉篮子。

1

2

3

4

5

花架每一层都已挤得满满的，发挥得淋漓尽致。拍完照就要开始将它们装箱啰！这是一个大工程啊！

2012-4-11

多肉搬家记

因老公工作的关系要搬家，而搬家过程中最挂心的就是多肉宝贝们了！前几次搬家还没养这么多，用一个置物盒就可以装满。这会儿连老公都替我担心，觉得搬家工一定不会轻轻提起再轻轻放下，所以老公决定跟公公借车，自己来搬运多肉。在搬家前一晚我把肉肉们装箱打包后，先搬进车里，次日自己来搬运。

早在搬家前几日，老公就叫我开始打包肉肉们。这怎么行咧？关在箱里一天就已觉得它们很可怜了。于是我自信满满地回他：“搬家前一晚再来打包，没问题啦！”结果我想得太美了，因为要配合箱子大小和高度，盖起来后不能压到多肉，所以调整好久，而早早就收集的各式箱子还是不够用，装个几箱下来我已经在内心哀号，这样要装到凌晨几点啊？不用睡觉了我！

为了节省箱子，每个箱子的空间都得达到最佳利用效果。

1

2

3

4

1. 一整篮的多肉蛋。
2. 箱子封好后先摞起来，等老公开车回家后就可以搬下去了！
3. 在 A4 置物盒上将白色网架固定好后，上面也可再放上一些多肉了。
4. 吊挂的多肉蛋一共装了六盒，算一算，我总共有九十几颗多肉蛋！

在这里要谢谢贴心的老公，搬家已经够费精神的了，还要担心我的宝贝，而且还帮我搬它们下去，天冷，四楼没电梯，跑上跑下五六趟才搬完。包括搬去新家也全是老公搬的，我一趟都没跑！

该搬的搬，该拆的拆，总算是清空阳台了。我的小阳台，再见了，谢谢你！

2012-4-24

一个半小时车程后，我的宝贝们平安地搬到新家的阳台了。

新阳台是旧阳台的三倍长，搬到新家后的三周，陆陆续续把宝贝们安置好，也添购了一些新网架，重新挂到不同规格的围墙栏杆上。不过现在的摆设也只是暂时的，日子还长，再慢慢地重新规划吧。

附录

希莉安给多肉新手的栽培建议

照顾方式

多肉植物的原生地大部分都是位于干湿两季分明、日夜温差大的高山，平原或沙漠地带，土壤也都是属于极贫瘠、干旱的土壤，但土壤的排水性要好，这使得雨季来临时，根系不易因土壤含水度高而烂根。

原生地日夜温差大，晚上温度可骤降10℃以上，让白天晒了好多个小时的多肉们得以散热降温。就是这种环境，使得多肉们可储水的根茎叶，呈现短圆肥厚及紧密生长的形态。

而当在如此环境下生长的多肉植物们，来到较温暖湿润的地区，就真的很容易跟我们说拜拜。尤其是雨量充沛、空气闷湿的夏季，更容易让多肉们迅速阵亡。

要如何才能照顾好多肉植物呢？这里分享一下我的照顾方式。

浇水基本原则

多肉植物在下雨时会喝水喝得饱饱的，干旱时就会自行吸收下叶的营养及储存的水分来长新叶。因此多肉的根部都很耐干旱，相对的也就很怕闷湿，如果常给水，反而会给多肉的根部带来危机与负担。我的浇水方式是等到下叶开始皱或者是叶子变软时才会浇水，夏天浇湿土表，春秋冬三季则浇透（即水流出盆底）为好，通常久未喝水的软皱的叶片马上又会吸水吸得饱饱的了！

夏天浇水我会选择太阳下山后，除了可帮助盆土快速降温外，也可让多余的水分有充分的时间蒸发。总而言之，多肉没水不容易死，却很容易因过多的水导致根部无法呼吸，最终烂根而死。如果实在不忍心看到叶子软皱才浇水，那至少也要等土干后等个两三天再给水。

春秋冬三季因气温适合多肉植物的生长，所以可以土干后马上浇水或依植株生长态势多给水。但千万要注意一定要选择通风良好的环境，让多余的水分可以快速蒸发。

摆放的环境

大部分的多肉植物都需要充足的日照，若是日照环境不足，植株容易徒长（茎叶发育过旺，开花、结种期推迟），叶子也不容易显色，如黑王子日照不足会由黑色褪为绿色。日照不足也会使植株虚弱，抵抗力降低，很容易感染病菌，甚至造成植株死亡。

而夏天，若通风不好，在浇完水后多余的水分和热气无法迅速蒸发，植株也很容易感染病菌，导致茎叶腐烂甚至死亡。所以充足的日照和良好的通风，对多肉植物来说是很关键的喔！

要把多肉养得健康、漂亮，最重要、最基本的就是要注意充足的日照、良好的通风和适度给水，尤其夏天更是疏忽不得。

多肉新手常问 Q&A

常有许多刚接触多肉植物的肉友们，留言问我一些关于多肉栽培及照顾的问题。在此把大家最常询问的几个问题整理出来，希望以自己的经验，提供一些实际的帮助。

Q. 请问您的多肉植物都是用什么土壤呢？

希莉安：我都是直接买配好的多肉植物用土。偶尔会以赤玉土、培养土、浮石（细粒）和蛭石以 5:2:2:1 的比例去调配。

多肉植物最怕土里的水分排不出去造成闷湿而烂根，所以多肉用土大都是以小石砾、粗颗粒的土为主。

Q. 请教希莉安，刚买回来的黑王子放在室内一阵后，叶子变绿了，怎么办呢？

希莉安：大部分的多肉都需要阳光的照射，否则植株容易徒长，叶色也会变绿，不易显出原色。长时间无日照甚至会使植株抵抗力变弱而容易感染病菌及虫害。黑王子如果变绿的话，是因阳光不够或水分过多造成的。

Q. 最近把玉露换盆，好像土壤太湿，居然整个塌掉了，这样还会活吗？

希莉安：多肉刚换盆的话最好不要马上浇水，至少等一星期，让根系适应新环境后再浇。目前就先不要动它，放在太阳照不到的通风阴凉处看看会不会变好点。

Q. 请问用蛋壳种，要在底部打洞吗？要洗吗？里面的白膜要撕掉吗？多久浇水一次？

希莉安：鸡蛋壳容量小，水也容易蒸发掉，所以我没打洞，要打洞也可以，但要小心避免蛋壳裂开。打完蛋的蛋壳我会马上冲洗，避免产生异味。蛋壳内的白膜可依个人喜好选择撕掉与否。也是等到土干才浇水喔！

Q. 请问用叶片如何繁殖？发芽期间需要喷水吗？为什么我的叶片还没发芽就烂掉了呢？

希莉安：将生长点完好的叶片静置于干燥的土表上，依品种不同，一星期至一个月就可在叶子生长点见到发根，接着叶宝宝就会长出来了。叶子还没生根前请不要浇水，等看到叶子生长点有根跑出来并触碰到土时再把土喷湿。

其实小芽会吸收母叶养分，所以就算有根出来，不马上给水也是可以的喔！叶插时也请不要让太阳直射叶子，请置于明亮通风处。

Q. 多肉植物换盆土和胴切的温度上限是几度呢？

希莉安：多肉植物不管冬型夏型，基本上凉爽天就是它们最舒适的生长季，我的经验是繁殖多肉的三种方法都要在凉爽的天气中进行才会发展得好。换盆和胴切（砍头）最好是在 10~20℃，20~25℃勉强可以，但超过 25℃就不建议了。因为胴切后即使新芽长出也耐不住夏日高温，砍下来的母株茎部发根速度也不快。

Q. 请问多肉开花后该怎么照顾呢？花期过后需要摘除吗？

希莉安：开花会消耗养分，所以在不赏花的情况下，花梗长出后或花期还未结束时我就会剪下，这样可使母株保存体力和养分，使侧芽长快一点。花梗最好从距底部 3~5cm 处剪掉，等花梗完全干枯后再拔会很好拔，但还未完全干枯时硬拔的话很容易使茎部受伤，造成伤口感染。

索引

书中品种、学名与页码对照

（按学名首字母顺序排列）

属名	中文名称	学名	书中页码
景天科青锁龙属	十字星	*Crassula perforata* var.	29,32,85,87,150,177，204
景天科青锁龙属	爱星	*Crassula rupestris* f.	177,204
景天科青锁龙属	尘星 / 星屑	*Crassula* ' Star Dust '	177,204
景天科青锁龙属	姬星 / 小米星	*Crassula* ' Tom Thumb'	177,204,205
景天科拟石莲属	古紫	*Echeveria affinis*	97,112,114,117,120,125,137,142,156, 227
景天科拟石莲属	黑骑士	*Echeveria affinis* 'Black Knight'	202
景天科拟石莲属	红日伞	*Echeveria* 'Benihigasa'	123
景天科拟石莲属	银明色	*Echeveria carnicolor*	202
景天科拟石莲属	吉娃莲 / 吉娃娃	*Echeveria chihuahuaensis*	141,226
景天科拟石莲属	水晶	*Echeveria* 'Crystal'	123,142,156
景天科拟石莲属	静夜	*Echeveria derenbergii*	132,141,162
景天科拟石莲属	月影	*Echeveria elegans*	146
景天科拟石莲属	初恋	*Echeveria* 'Huthspinke'	63,158,213,239,252
景天科拟石莲属	雪莲	*Echeveria lauii*	238
景天科拟石莲属	大雪莲	*Echeveria* 'Laulindsa'	110
景天科拟石莲属	萝拉	*Echeveria* 'Lola'	52,88,155
景天科拟石莲属	红稚儿	*Echeveria macdougallii*	71,134,141,213
景天科拟石莲属	女雏	*Echeveria* 'Mebina'	132,140,252
景天科拟石莲属	野玫瑰之精	*Echeveria mexensis* 'Zalagosa'	46,90,91,120,140,155
景天科拟石莲属	红司	*Echeveria nodulosa*	203,223
景天科拟石莲属	丸叶红司	*Echeveria nodulosa* f.	238
景天科拟石莲属	养老	*Echeveria peacockii*	17
景天科拟石莲属	迷你莲	*Echeveria prolifica*	134,135,220
景天科拟石莲属	锦晃星	*Echeveria pulvinata*	136
景天科拟石莲属	锦之司	*Echeveria* 'Pulv-oliver'	29,31,119,136
景天科拟石莲属	大和锦	*Echeveria purpusorum*	155
景天科拟石莲属	玉蝶	*Echeveria runyonii*	254
景天科拟石莲属	特叶玉蝶	*Echeveria runyonii* 'Topsy Turvy'	254
景天科拟石莲属	红辉炎	*Echeveria* 'Set-Oliver'	140,157
景天科拟石莲属	祇园之舞	*Echeveria shaviana* 'Truffles'	143,153,160,220
景天科拟石莲属	久米之舞	*Echeveria spectabilis*	254
景天科拟石莲属	高砂之翁	*Echeveria* 'Takasagonookina'	111,142,181
景天科拟石莲属	杜里万莲	*Echeveria tolimanensis*	201
景天科拟石莲属	红化妆	*Echeveria* 'Victor'	34,103,112,119,125,128,141,197
景天科拟石莲属	大和姬	*Echeveria* 'Yamatohime'	64,97,228
景天科拟石莲属	大和美尼	*Echeveria* 'Yamatomini'	36,37,64,139,143
大戟科大戟属	彩云阁	*Euphorbia trigona* ‘African Milk Tree’	142,145
百合科鲨鱼掌属	虎之卷	*Gasteria gracilis* 'Baker'	19,38,156
景天科风车草属	樱月	*Graptopetalum* cv.	236
景天科风车草属	姬秋丽 / 姬愁丽	*Graptopetalum mendozae*	132,248,249
景天科风车草属	蓝豆	*Graptopetalum pachyphyllum*	253
景天科风车草属	食用石莲	*Graptopetalum paraguayense*	108,109,154
景天科风车草属	胧月	*Graptopetalum paraguayense*	35,114,137,157,197,220
景天科风车草属	姬胧月	*Graptopetalum paraguayensis* 'Bronz'	29,30,61,97,98,99,112,114,125,134,135, 142,150,153,197,220,228
景天科风车草属	姬胧月锦	*Graptopetalum paraguayensis* 'Bronz' f. *variegata*	141,236

属名	中文名称	学名	书中页码
景天科风车佛甲草属	秋丽 / 愁丽	*Graptosedum* 'Francesco Baldi'	71,153,154,197
景天科风车莲属	黛比	*Graptoveria* 'Deby'	220
景天科风车莲属	白牡丹	*Graptoveria* 'Titubans'	105,252
百合科瓦苇属	松之霜	*Haworthia attenuata* var. *radula*	61
百合科瓦苇属	玉露	*Haworthia cooperi*	62,157
百合科瓦苇属	白斑玉露	*Haworthia cooperi* var. *pilifera* f. *variegata*	225
百合科瓦苇属	胖宝草 / 达摩宝草	*Haworthia cuspidata* f.*variegata*	224
百合科瓦苇属	京之华	*Haworthia cymbiformis* var. *angustata*	86,156
百合科瓦苇属	姬玉虫 / 水晶殿	*Haworthia cymbiformis* var. *obtusa*	52,68,79,121,134,157
百合科瓦苇属	十二卷	*Haworthia fasciata* / *Haworthia attenuata*	18,150,153
百合科瓦苇属	黑砂糖	*Haworthia hybrid* 'Kurozato'	238
百合科瓦苇属	姬玉露	*Haworthia obtusa* var. *pilifera* f. *truncata*	225
百合科瓦苇属	姬寿锦	*Haworthia retusa* f. *variegata*	62,157
景天科伽蓝菜属 / 灯笼草属	重瓣长寿花	*Kalanchoe blossfeldiana*	61,155
景天科伽蓝菜属 / 灯笼草属	子宝草 / 蕾丝姑娘	*Kalanchoe* 'Crenatodaigremontianum'	150,220
景天科伽蓝菜属 / 灯笼草属	不死鸟锦	*Kalanchoe daigremontiana* f. *variegata*	51,113,213
景天科伽蓝菜属 / 灯笼草属	福兔耳	*Kalanchoe eriophylla*	114,118,189,213
景天科伽蓝菜属 / 灯笼草属	蝴蝶之舞	*Kalanchoe fedtschenkoi*	122,197
景天科伽蓝菜属 / 灯笼草属	虎斑伽蓝菜	*Kalanchoe humilis*	201
景天科伽蓝菜属 / 灯笼草属	千兔耳	*Kalanchoe millotii*	29,30,85,114,118,150,153,197,220
景天科伽蓝菜属 / 灯笼草属	扇雀	*Kalanchoe rhombopilosa*	237
景天科伽蓝菜属 / 灯笼草属	唐印	*Kalanchoe thyrsiflora*	111
景天科伽蓝菜属 / 灯笼草属	野兔耳	*Kalanchoe tomentosa* cv.	24,121,197,213
景天科伽蓝菜属 / 灯笼草属	黑兔耳	*Kalanchoe tomentosa* cv.	44,85,103,134,143,197
景天科伽蓝菜属 / 灯笼草属	达摩月兔耳	*Kalanchoe tomentosa* f. 'Daruma'	123
景天科伽蓝菜属 / 灯笼草属	黄金月兔耳	*Kalanchoe tomentosa* 'Golden Girl'	202
红点草属	油点百合	*Ledebouria socialis*	144
景天科伽蓝菜属 / 灯笼草属	红大内玉	*Lithops optica* 'Rubra'	53,80

属名	中文名称	学名	书中页码
景天科景天属 / 佛甲草属	玉缀 / 玉串 / 玉帘	*Sedum morganianum*	17,21,143,159
景天科景天属 / 佛甲草属	新玉缀 / 新玉串 / 新玉帘	Sedum morganianum 'Buritto'	45,149,160
景天科景天属 / 佛甲草属	大唐米	*Sedum oryzifolium*	254
景天科景天属 / 佛甲草属	大唐米	*Sedum oryzifolium* f. *pumilum*	254
景天科景天属 / 佛甲草属	乙女心	*Sedum pachyphyllum*	121,124,140,213,251
景天科景天属 / 佛甲草属	虹之玉	*Sedum rubrotinctum*	102,121,124,127,128,129,134,137,143,150, 153,170,197,213,220,223
景天科景天属 / 佛甲草属	虹之玉锦	*Sedum rubrotinctum* 'Aurora'	29,32,33,93,102,103,104,122,124,126,127, 135,139,142,150,153,170,197,220,223
景天科景天属 / 佛甲草属	玉之绪	*Sedum sieboldii*	132,137
景天科景天属 / 佛甲草属	白雪万年草	*Sedum spathulifolium* 'Cape Blanco'	255
景天科景天属 / 佛甲草属	赤叶万年草	*Sedum spathulifolium* 'Purpureum'	255
景天科景天属 / 佛甲草属	三色叶	*Sedum spurium* 'Tricolor'	51,85,87,135,194
景天科景天属 / 佛甲草属	天使之泪	*Sedum treleasei*	105,134,139,143,153
景天科长生草属 / 卷绢属	卷绢	*Sempervivum arachnoideum*	18,22,85,87,134,135,150,153,177,178,179, 186,187
菊科千里光属	紫蛮刀	*Senecio crassissimus*	203
菊科千里光属	绿之铃	*Senecio rowleyanus*	46,57,66,77,87,97,114,116,124,135,139, 174,175,176,220,243
菊科千里光属	绿之铃锦	*Senecio rowleyanus* f. *variegata*	171,213
菊科千里光属	蓝粉笔 / 万宝	*Senecio serpens*	203,213
景天科塔莲属	白花小松 / 碧丽珠 / 米粒花	*Villadia batesii*	70,71,134,150,155,251
仙人掌			
仙人掌科星球属	星兜	*Astrophytum asterias*	51,62,211
仙人掌科星球属	鸾凤玉	*Astrophytum myriostigma* 'Nudum'	211,212
仙人掌科山影掌属 / 天轮柱属	神代柱	*Cereus peruvianus*	23,43,87
仙人掌科山影掌属 / 天轮柱属	神仙堡	*Cereus tetragonus*	22,87
仙人掌科象牙丸属	象牙丸	*Coryphantha elephantidens*	62
仙人掌科象牙丸属	精美丸	*Coryphantha werdermannii*	26,87
仙人掌科短毛丸属	金盛丸	*Echinopsis calochlora*	23,50
仙人掌科金晃属	金晃	*Eriocactus leninghausii*	22
仙人掌科白裳属	老乐	*Espostoa melanostele* ssp. *nana*	72
仙人掌科裸萼属	绯花玉	*Gymnocalycium baldianum*	43,158,182
仙人掌科裸萼属	丽蛇丸	*Gymnocalycium damsii*	26,85,94,95

属名	中文名称	学名	书中页码
仙人掌科裸萼属	牡丹玉	*Gymnocalycium mihanovichii* var. *friedrichii*	17,23,158
仙人掌科三角柱属	火龙果 / 绿钻	*Hylocereus undatus* 'Fon-Lon'	206,207
仙人掌科银毛球属	黄金司 / 金手指	*Mammillaria elongata*	22
仙人掌科花座球属	魔云	*Melocactus matanzanus*	210,212
仙人掌科苇仙人掌属 / 丝苇属 / 苇枝属	番杏柳	*Rhipsalis mesembryanthemoides*	61
仙人掌科蟹爪兰属	蟹蟹兰	*Schlumbergera truncatus* K. Sch.	60,117,120,154
仙人掌科多棱球属 / 缩玉属	缩玉	*Stenocactus zacatecasensis*	89
空气凤梨			
凤梨科铁兰属	贝可利	*Tillandsia brachycaulos* 'Schlechtendal'	42
凤梨科铁兰属	小蝴蝶	*Tillandsia bulbosa* 'Hooker'	42
凤梨科铁兰属	虎斑 / 小天堂	*Tillandsia butzii*	25,75,154
凤梨科铁兰属	女王头	*Tillandsia caput-medusae* 'E. Morren'	42
凤梨科铁兰属	小白毛	*Tillandsia fuchsii*	25
凤梨科铁兰属	哈里斯	*Tillandsia harrisii*	47
凤梨科铁兰属	小精灵	*Tillandsia ionantha*	47
凤梨科铁兰属	大三色	*Tillandsia juncea*	75
凤梨科铁兰属	红三色	*Tillandsia juncifolia*	72
凤梨科铁兰属	柯比	*Tillandsia kolbii*	151
凤梨科铁兰属	多国花	*Tillandsia stricta*	106
凤梨科铁兰属	鸡毛掸子	*Tillandsia tectorum*	151
凤梨科铁兰属	三色花	*Tillandsia tricolor*	154
凤梨科铁兰属	三色花	*Tillandsia tricolor var. melanocrater*	105,154
凤梨科铁兰属	松萝	*Tillandsia usneoides* 'El Circulito'	92
凤梨科铁兰属	粗叶松萝	*Tillandsia usneoides* 'El Mejor'	92
凤梨科铁兰属	空气凤梨	*Tillandsia velickiana*	25

TAOBAO 淘宝网园艺店铺推荐

店铺

呼呼的小花园

- 淘宝店址：http://hohohome.taobao.com
- 旺旺：呼呼home
- 联系电话：13589073319
- 狂爱多肉，主营景天科多肉植物。从小喜欢植物，发现多肉植物这个大家园，一发不可收拾。原来只是爱好，后来不断地收集品种，开销越来越大后，想到以花养花，后来干脆专职养花，爱好和工作合二为一了，每天看看肉肉们健康生长，心里有万分的满足感。经营态度嘛，就是老老实实就好，酒香不怕巷子深，店里来的大多都是熟客，或者熟客介绍的新朋友，好多买家都变成了很熟悉的花友。

健康多肉植物掌上花园

- 淘宝网址：http://cslowlife.taobao.com
- 旺旺：健康优生活 QQ：478797008
- 联系电话：13810714399
- 掌柜：阿呆妹妹和圆圆姐姐
- 国内首家多肉植物一站式购物店。主营各类多肉植物、组合盆栽及配套养护。多肉植物不仅种植方便，色彩艳丽，还是抗辐射的能手及夜间的氧吧，让您的生活充满绚丽色彩的同时给您带来健康的环境。在掌上尽享来自世界各地多肉植物的美丽与神奇，领略另一种健康优雅休闲的慢生活——让我们通过这些绚丽多彩的自然精灵开启我们共同的健康生活之旅！

肉肉园

- 淘宝店址：http://shop64585216.taobao.com
- 旺旺：w_ee222
- 联系电话：18641750191 18641750190
- 经营自产多肉植物。我可以没有文凭，但是不可以没有爱好！自小辍学养花，草本、木本、多肉。不知不觉中，植物已经成为人生路上不可或缺的一部分了。养花意在心，表于行。

变化中体悟大千世界，枯荣间阐释百态人生。自己的心得体会企盼与知心者同享。植物自产，价格随心，养护随意，选购随缘。不以商品论穷富，只为爱好养余生。静待贵客迎门，共谱自然风光！

风筝的家园

- 淘宝店址：http://569835768.taobao.com
- 联系电话：18955903968 05593535088
- 经营进口多肉植物。“宠辱不惊，闲看庭前花开花落；去留无意，漫随天边云卷云舒”是我理想中的生活，为此我将努力。所有的宝贝都是精心培育，成长的历程和大家分享。分享快乐，分享幸福，分享每一天。个人博客里还有非常适合新人的种植经验：http://blog.sina.com.cn/u/1967918810

绿野仙踪多肉植物

- 淘宝店址：http://shop65250890.taobao.com
- 联系电话：13969101254 13864054569
- 主营多肉植物，希望更多的人亲近自然、热爱植物。

花医生的园艺

- 淘宝店址：http://doctorflower.taobao.com
- 旺旺：luyinfeng123
- 联系电话：13524557432；联系人：花医生
- 一家主营多肉植物的特色淘宝店铺，很多品种是首次在国内繁殖培育的。我们倡导的是一种健康的生活方式，还有善待生命的生活态度。在这个喧嚣的都市中，和家人一起享受种植的乐趣，拥有一个属于自己的小花园吧。

上海花花公子淘宝店

- 淘宝店址：http://shop36662102.taobao.com
- 旺旺：sunpeimei
- 联系电话：021-57882109 18916582109
- 主要销售空气凤梨、积水凤梨、球兰、蓝莓苗、树莓苗、果桑苗等。力争用优良的服务，让大家愉快地买到喜欢的植物。

Where to buy?

店铺

恺撒园艺多肉植物

- 淘宝店址：http://caesargarden.taobao.com
- 微信公众号：caesargarden
- 联系电话：13699234001
- 经营各类多肉植物、种子、书籍、资材，力争让您一站购齐！大家都是爱花之人，共同爱好让我们相识。开店以来结识了不少朋友，我觉得这才是最宝贵的财富。除了养花，我还痴迷滑雪滑冰。希望能结交更多的朋友。

森小肉 多肉ZAKKA馆

- 淘宝店址：http://senxiaorou.taobao.com
- 旺旺：森小肉
- 联系电话：13927218242
- 广州首家多肉花园，欢迎上门亲自挑选。园艺生活从这里开始，可爱的多肉植物、特别的空气凤梨、安静的苔藓植物店内均有销售，每月都有特价，肉肉植物均满百包邮。

绿萌小铺

- 淘宝店址：http://sucseed.taobao.com
- 旺旺：冰云霓裳 客户QQ群：209409476
- E-mail：166508@qq.com
- 店内主营是各类多肉、仙人掌的种子，多数品种从播种到出苗需要5天以上的时间，因此请耐心期待它们的萌发，不要轻言放弃。春天不播种手会痒痒的哈，秋天不刨土是有罪的哈，冬天也要有绿色哈……

多肉青年团

- 淘宝店址：http://duorout.taobao.com
- 联系电话：15653633662
- 欢迎加入多肉青年团！

Lily's园艺

- 淘宝店址：http://lilys.taobao.com
- 联主营多肉植物、家庭园艺相关各类花盆、肥料、药剂、工具、进口种子、种球等。

新浪微博：请搜“Lilys园艺店”

QQ交流1群：283130944，

2群（多肉）：315039253

上海实体店址

普陀实体店：上海市普陀区子洲路356号真博花市新东区146号 021-51202662

营业时间 8:00-17:30

孙桥实体店：上海市浦东新区孙桥花卉市场3区2路35号（勤政路88号）18616870658

营业时间 7:00-17:00

新桥实体店：上海市松江区新桥镇九新公路1288号新桥花卉市场新区57号 18616870658

营业时间 8:00-17:00

小瓦罐的春天

- 旺旺：春田 _ 花花
- 淘宝店址：http://shop35712533.taobao.com
- 主营创意盆栽、小绿植、特色园艺装饰品等，并提供园艺搭配及花卉种植咨询。

店主为园艺的疯狂爱好者，从露台延伸到花园。不但喜爱花草，更痴迷于各种花草与装饰品的搭配，因为工作关系，能接触到很多有特别创意的园艺装饰品，经手搭配后常常得到朋友的好评，久而久之萌生了开园艺店的想法，不但想教大家如何把花种好，更想让有心的人将精彩的园艺生活带入平常生活中，感受园艺的魅力。

浣花草堂

- 淘宝店址：http://shop35018569.taobao.com
- 旺旺：天使之约之非凡
- 联系电话：1334596153
- QQ群：67203726
- 主营香草种苗、种子和盆栽。喜欢香草，品味生活！生活是忙碌的，有压力的。但是闲暇之余，也别忘了让自己心情放松。可以看几页文字，种几棵花草，再饮几口自己种自己泡的香草茶，想想生活就是这么简单，乐趣也随处可见。

波希的香草园

- 淘宝店址：http://shop66618283.taobao.com
- 香草花友QQ交流群：231252434
- 联系电话：13534983448
- 主营香草种苗。本店是“波希米亚人”的淘宝店，旨在为广大香草爱好者提供香草种苗，交流香草种植心得。波希种植香草多年，尝试过在北方大田种植和南方家庭种植，对种植香草有一定的心得。欢迎大家和波希一起迷香草、养香草。

图书在版编目（CIP）数据

希莉安的超详尽多肉植物私房笔记/ 希莉安著. —郑州：河南科学技术出版社，2014.5（2017.4重印）

ISBN 978-7-5349-5419-1

Ⅰ. ①希… Ⅱ. ①希… Ⅲ. ①多浆植物—观赏园艺 Ⅳ. ①S682.33

中国版本图书馆CIP数据核字(2014)第043735号

出版发行：河南科学技术出版社
地址：郑州市经五路66号 邮编：450002
电话：（0371）65737028 65788613
网址：www.hnstp.cn
策划编辑：李 洁
责任编辑：杨 莉
责任校对：许 静
封面设计：张 伟
责任印制：张艳芳
印 刷：北京盛通印刷股份有限公司
经 销：全国新华书店
幅面尺寸：170mm×235mm 印张：17 字数：380千字
版 次：2014年5月第1版 2017年4月第3次印刷
定 价：48.00元